江苏高校品牌专业建设工程资助项目教材（基金号：PPZY2015B187）
江苏省高等教育教改研究课题成果（基金号：2017JSJG380）

机械制图习题集（第2版）

王海涛　主　编

电子工业出版社

Publishing House of Electronics Industry

北京·BEIJING

内 容 简 介

本书是江苏高校品牌专业建设工程资助项目教材、江苏省高等教育教改研究课题成果《机械制图》(ISBN：978-7-121-34724-5)的配套习题集，对主教材中的项目任务进行了集中规划、整理，增加了练习题，补充项目任务之外的相关知识。为了便于教学，本书的编排次序与主教材的体系一致，内容与主教材一一对应且相辅相成。本书主要内容包括：绘制平面图形、绘制简单形体三视图、识读和绘制机件图样、识读和绘制零件图、绘制标准件与常用件、识读和绘制装配图。

本书可作为高职高专院校机械类、近机类各专业"机械制图"课程的习题集，也可作为职工大学、函授大学、中职学校相应专业的教学用书，还可供有关工程技术人员参考。

本书配有大量AR三维效果图，请扫描书中二维码观看。

未经许可，不得以任何方式复制或抄袭本书之部分或全部内容。
版权所有，侵权必究。

图书在版编目（CIP）数据

机械制图习题集 / 王海涛主编. —2版. —北京：电子工业出版社，2023.8
ISBN 978-7-121-46098-2

Ⅰ.①机⋯ Ⅱ.①王⋯ Ⅲ.①机械制图－高等学校－习题集 Ⅳ.①TH126-44

中国国家版本馆CIP数据核字（2023）第150081号

责任编辑：王艳萍
印　　刷：涿州市京南印刷厂
装　　订：涿州市京南印刷厂
出版发行：电子工业出版社
　　　　　北京市海淀区万寿路173信箱　邮编 100036
开　　本：787×1 092 1/16 印张：12.75 字数：326.4千字
版　　次：2019年1月第1版
　　　　　2023年8月第2版
印　　次：2024年8月第3次印刷
定　　价：39.00元

凡所购买电子工业出版社图书有缺损问题，请向购买书店调换。若书店售缺，请与本社发行部联系，联系及邮购电话：（010）88254888，88258888。
质量投诉请发邮件至zlts@phei.com.cn，盗版侵权举报请发邮件至dbqq@phei.com.cn。
本书咨询联系方式：（010）88254574，wangyp@phei.com.cn。

前言

本书编者坚持以全面贯彻党的教育方针，培养德智体美劳全面发展的社会主义建设者和接班人为指导思想，深度挖掘"机械制图"课程的思政育人功效，在内容编写、教学编排等方面全面落实"立德树人"的根本任务，在潜移默化中坚定学生理想信念，厚植爱国主义情怀，培养学生敢为人先的创新精神和精益求精的工匠精神。

本书是江苏高校品牌专业建设工程资助项目教材、江苏省高等教育教改研究课题成果《机械制图》（ISBN：978-7-121-34724-5）的配套习题集，贯彻"做中学、学中做"的编写思路，学习者在完成项目任务的过程中获得知识。对任务以外"机械制图"课程中涉及的重要知识，以练习题及习题形式加以补充完善。

本书主要内容包括：绘制平面图形、绘制简单形体三视图、识读和绘制机件图样、识读和绘制零件图、绘制标准件与常用件、识读和绘制装配图。每个项目包括项目任务和课外练习两部分。通过完成各项读图与绘图任务，培养学生解决实际问题的能力。为了加强读图、绘图的能力训练，对应各个项目任务选编了一些基本训练题和难度较大的测试题。通过完成这些练习题，学生可进一步巩固学习效果，实现举一反三、发现问题、解决问题的能力提升。

本书由王海涛主编，同时感谢姚素芹、田宏霞、俞浩荣、陈叶娣等课程团队成员及多位专家、学者给予的大力支持和帮助。

本书中大部分习题配有AR三维效果图，请扫描书中二维码观看。

限于编者水平，书中难免有不足之处，恳请读者批评指正。

编　者

目 录

项目1 绘制平面图形

任务1-1 绘制几何图形 ………………………………………… 1
任务1-2 绘制平面几何图形 …………………………………… 8

项目2 绘制简单形体三视图

任务2-1 绘制平面体三视图 …………………………………… 16
任务2-2 绘制回转体三视图 …………………………………… 20
任务2-3 绘制相贯体三视图 …………………………………… 25
任务2-4 绘制组合体三视图 …………………………………… 28

项目3 识读和绘制机件图样

任务3-1 绘制支架轴测图 ……………………………………… 46
任务3-2 绘制压紧杆零件视图 ………………………………… 48
任务3-3 绘制短轴零件视图 …………………………………… 52

项目4 识读和绘制零件图

任务4-1 识读主轴零件图 ……………………………………… 58
任务4-2 绘制端盖零件图 ……………………………………… 65
任务4-3 绘制轴承座零件图 …………………………………… 73
任务4-4 识读底座零件图 ……………………………………… 88

项目5 绘制标准件与常用件

任务5-1 绘制螺栓连接视图 …………………………………… 96
任务5-2 绘制圆柱齿轮零件图 ………………………………… 99

项目6 识读和绘制装配图

任务6-1 识读和绘制简单装配图 ……………………………… 100

项目1 绘制平面图形　任务1-1 绘制几何图形

按1:1绘制下面几何图形,保留作图痕迹。

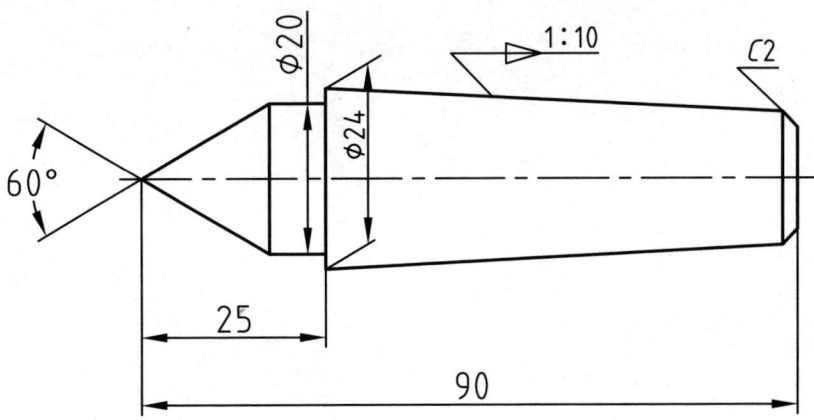

班级　　　　姓名　　　　学号　　　　1

按1:1绘制上页几何图形，保留作图痕迹。

练习1-1-1 绘制图线

在A4图纸上绘制下面图线与图形。

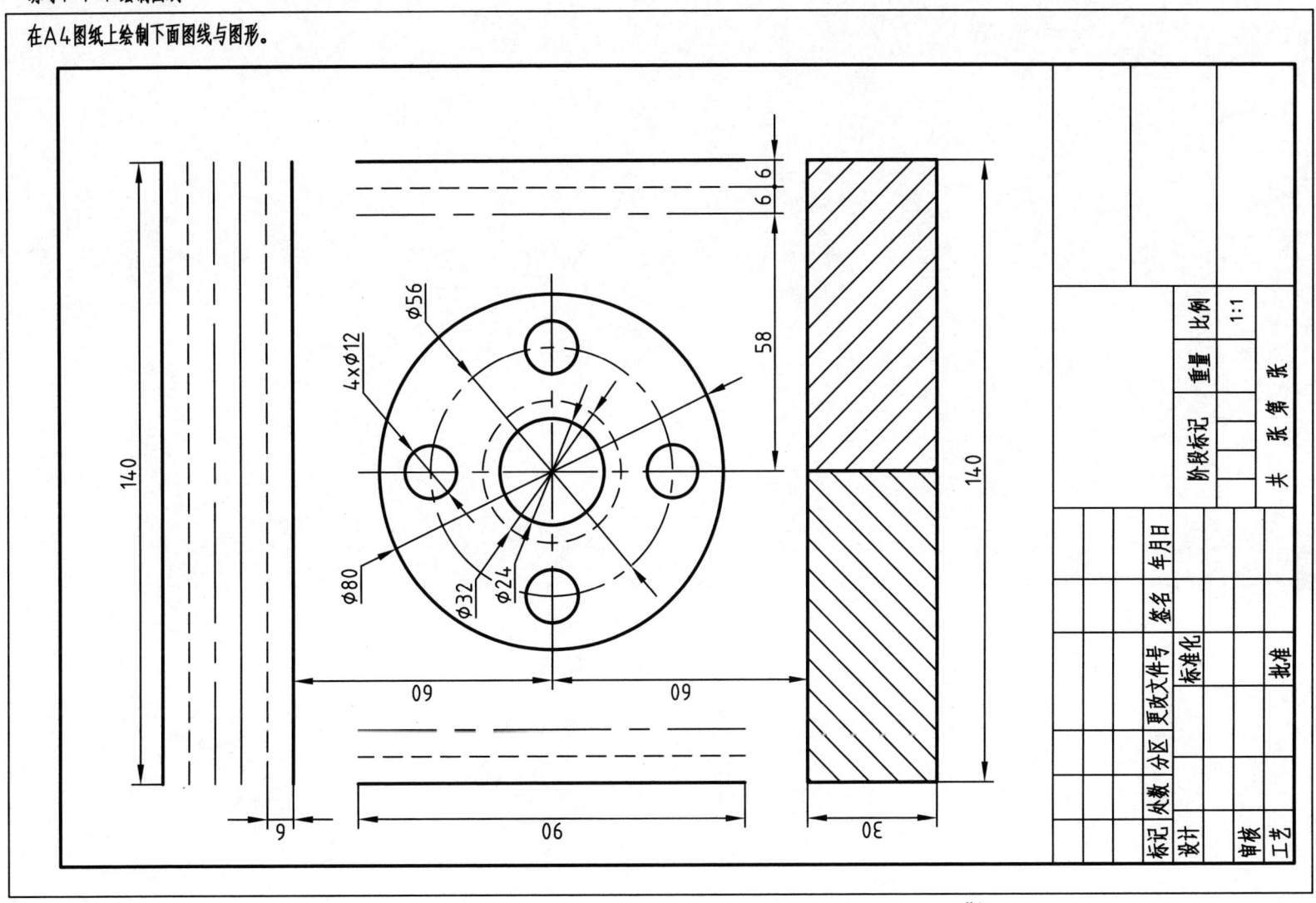

练习1-1-2 尺寸注法

1. 标注线性尺寸。

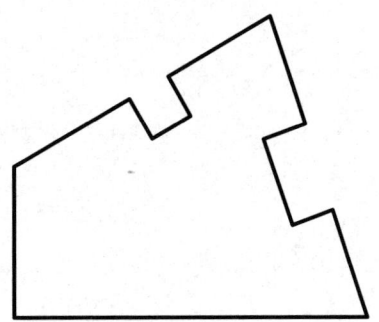

2. 标注圆及圆弧的直径或半径尺寸。

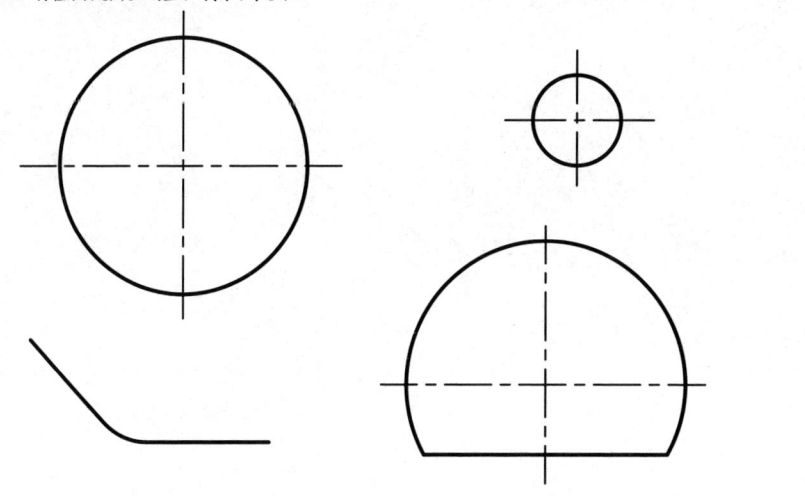

3. 标注尺寸。

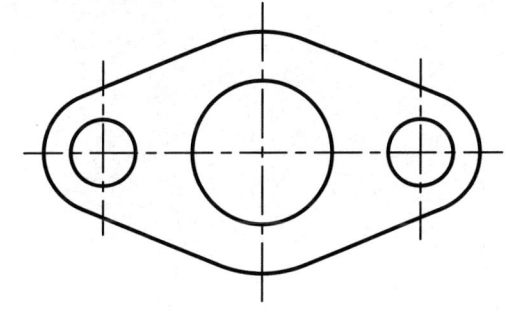

4. 标注尺寸。

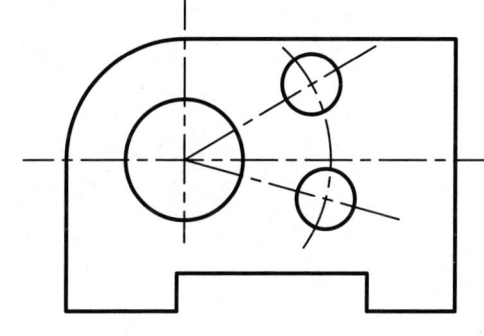

练习1-1-3 找出图中尺寸注法的错误，在下图正确地注出。

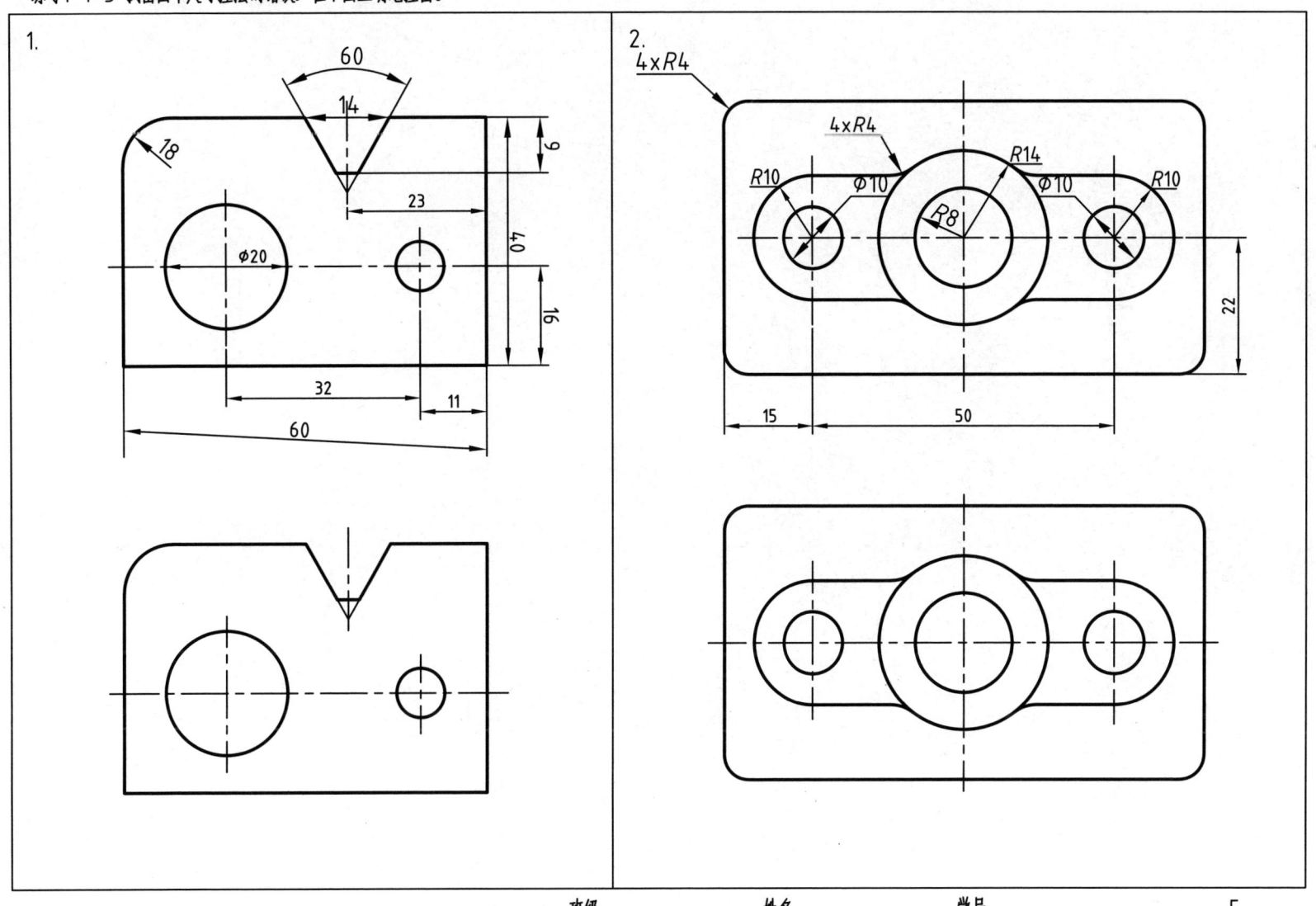

练习1-1-4 绘制几何图形

1.参照左侧图例,作1:6斜度图形,保留作图痕迹,并标注斜度。

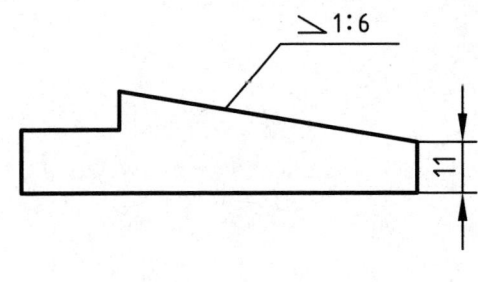

2.参照左侧图例,作1:5斜度图形,已知A点,求B点,保留作图痕迹,并标注斜度。

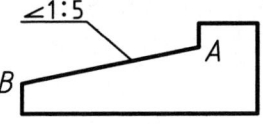

班级　　　姓名　　　学号

练习1-1-5 绘制几何图形

1. 参照左侧图例，在指定位置完成图形，保留作图痕迹，并标注锥度。

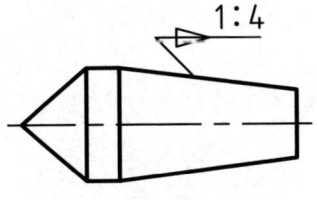
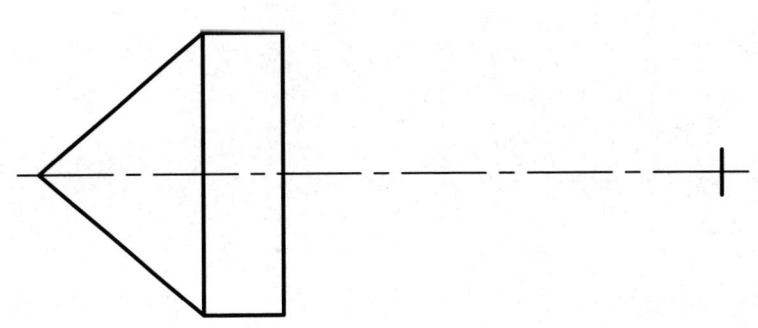

2. 参照左侧图例，在指定位置完成图形，保留作图痕迹，并标注锥度。

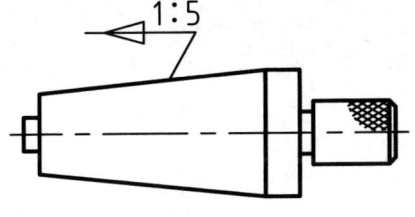
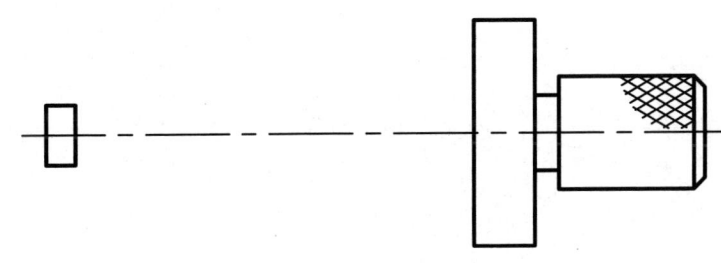

任务1-2 绘制平面几何图形

按1:1绘制下面平面图形,保留作图痕迹。

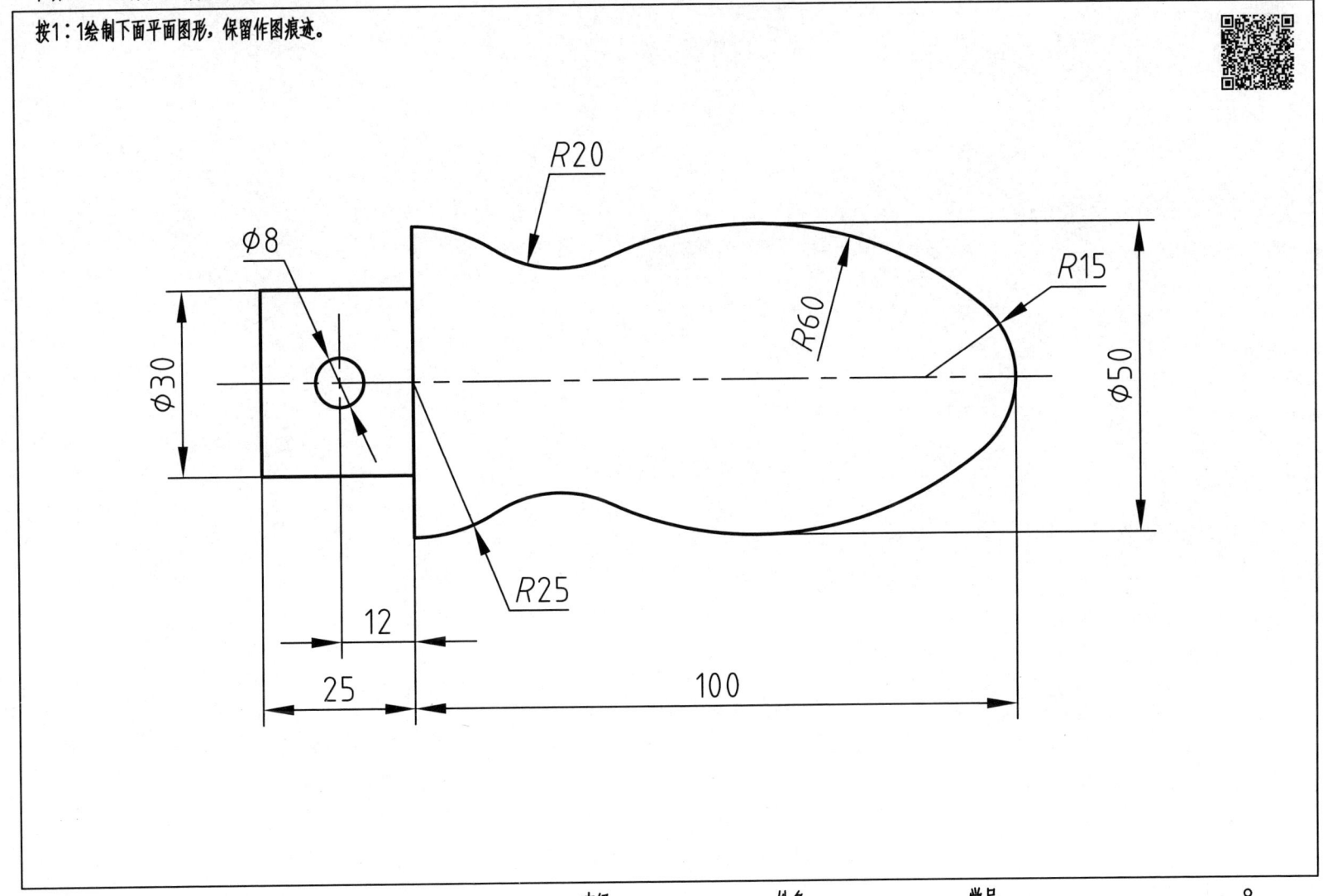

按1：1绘制上页平面图形，保留作图痕迹。

练习1-2-1 绘制平面图形

1.根据上图所注尺寸，按1:1完成下面图形的线段连接，保留作图痕迹。

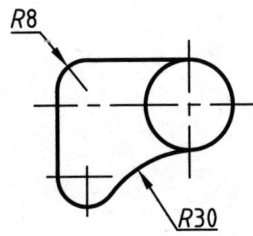

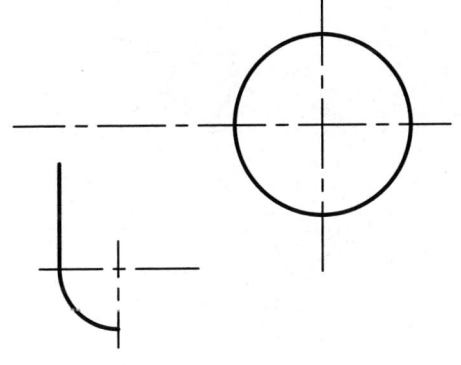

2.参照上图，按1:1作下面图形的圆弧连接，保留作图痕迹。

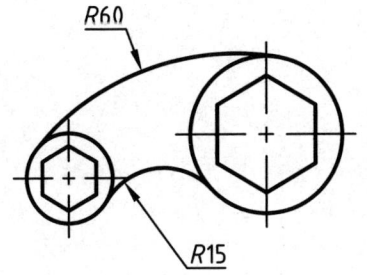

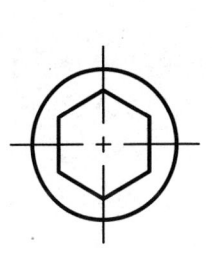
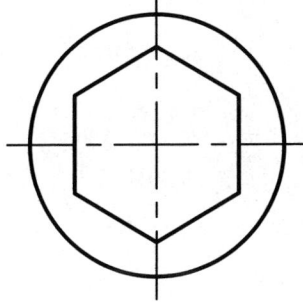

练习1-2-2 绘制平面图形

1.参照上图，按1:1完成下面图形，保留作图痕迹。

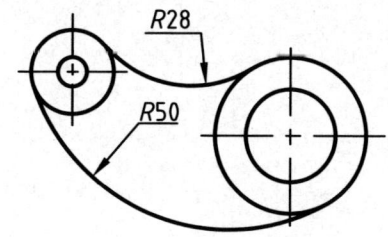

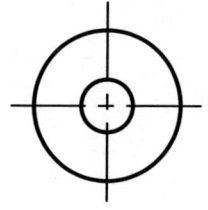
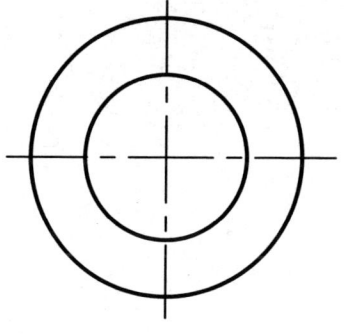

2.参照上图，按1:1完成下面图形，保留作图痕迹。

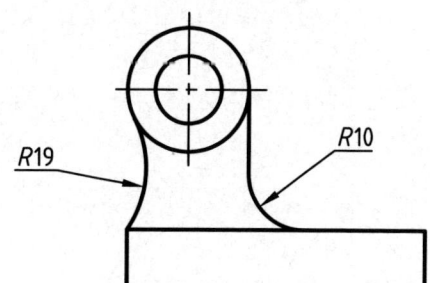

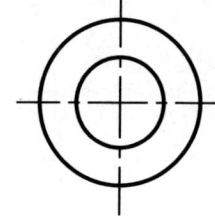

班级　　姓名　　学号

练习1-2-3 绘制平面图形（1）

按1∶1绘制下面平面图形，保留作图痕迹。

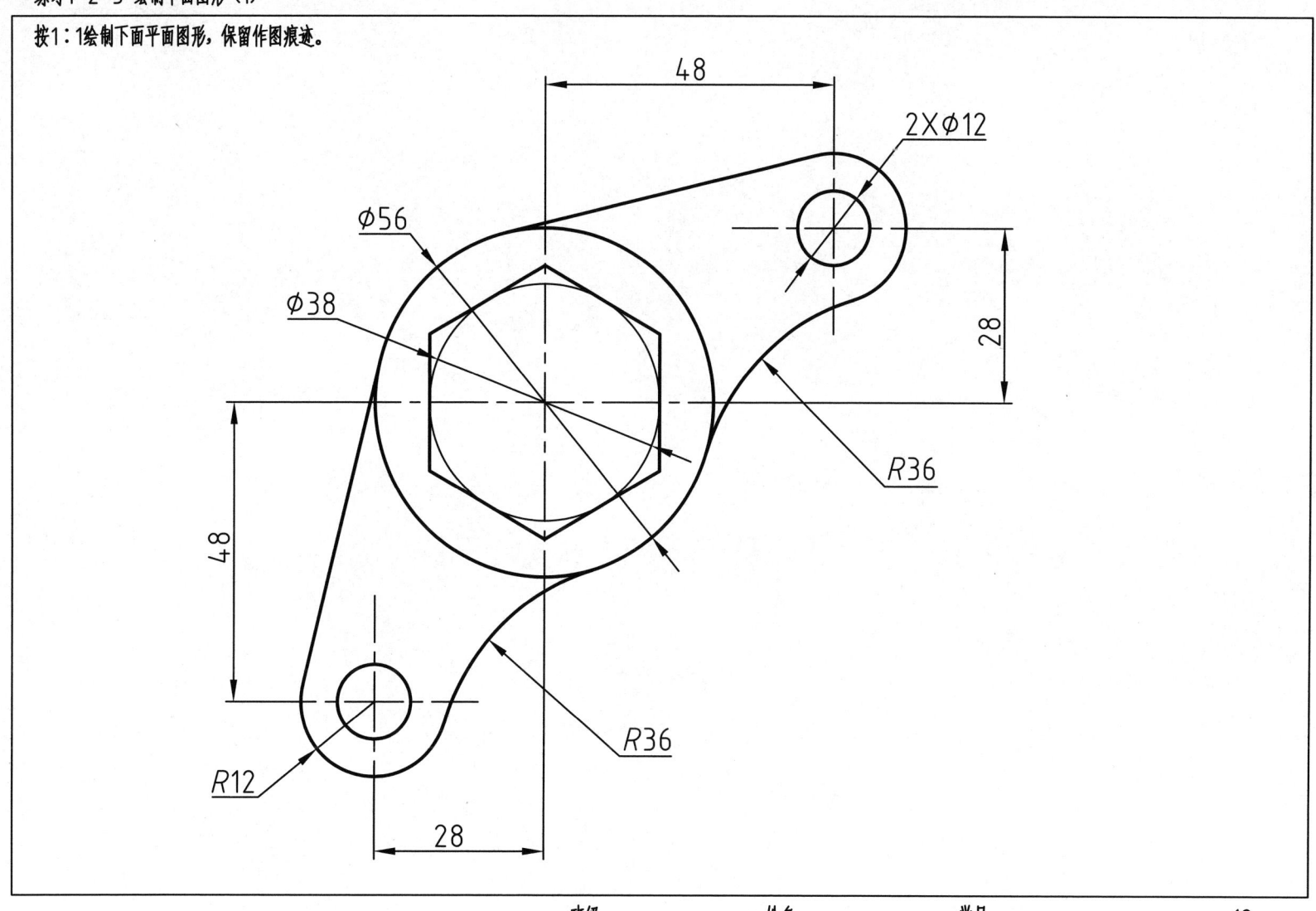

练习1-2-3 绘制平面图形（2）

按1:1绘制上页平面图形，保留作图痕迹。

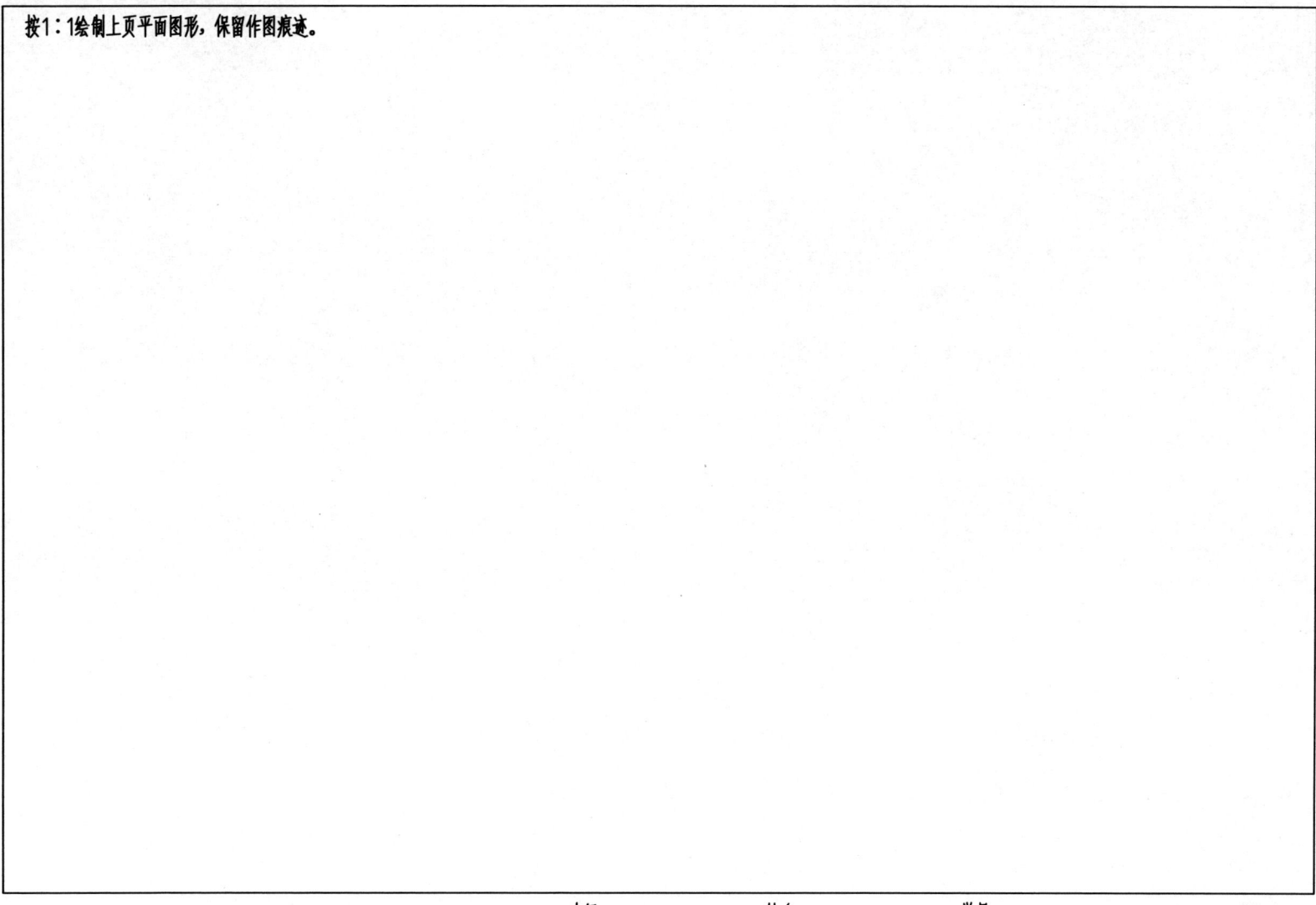

练习1-2-4 绘制平面图形

按1:1绘制下面平面图形。

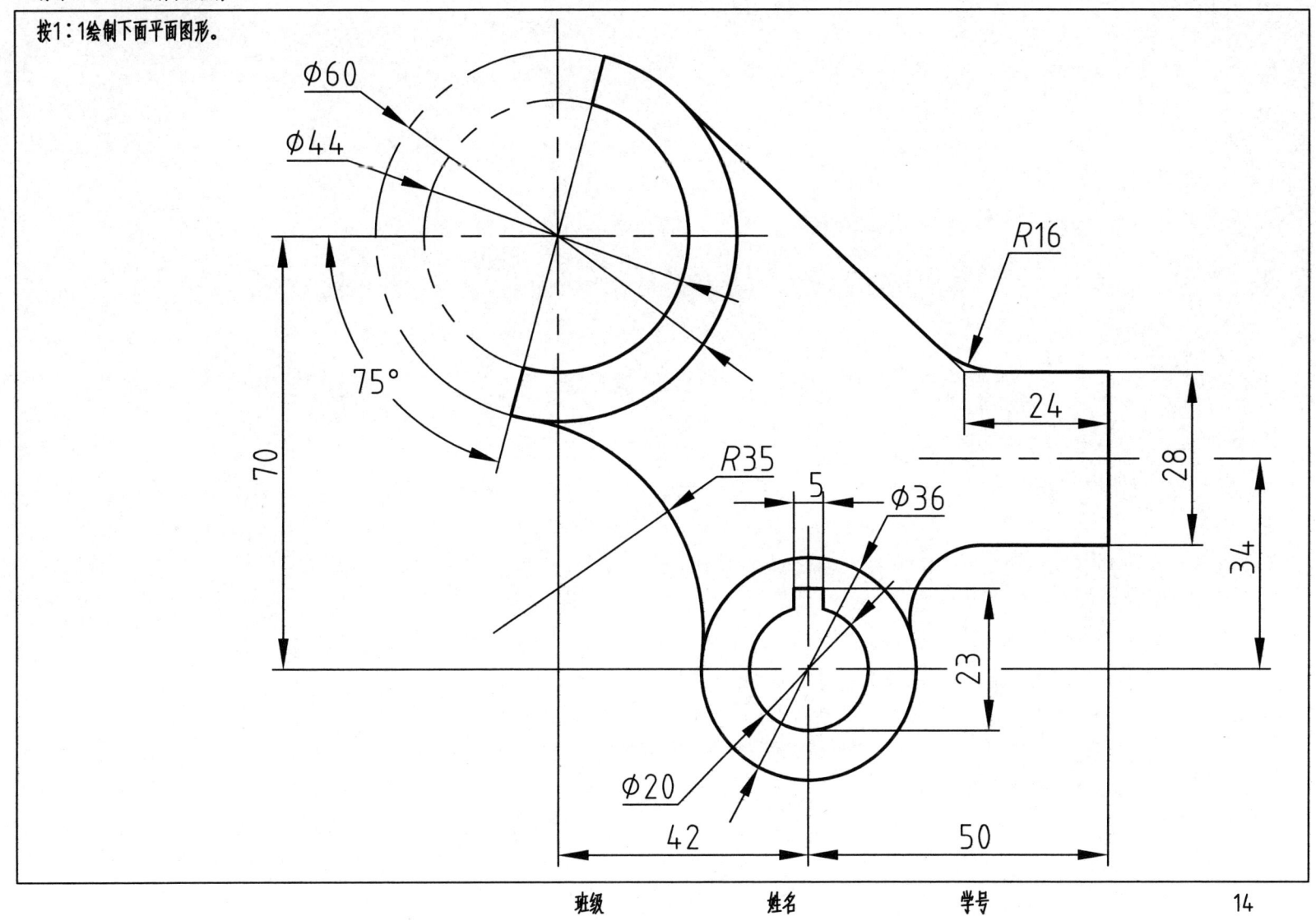

练习1-2-5 绘制下面平面图形

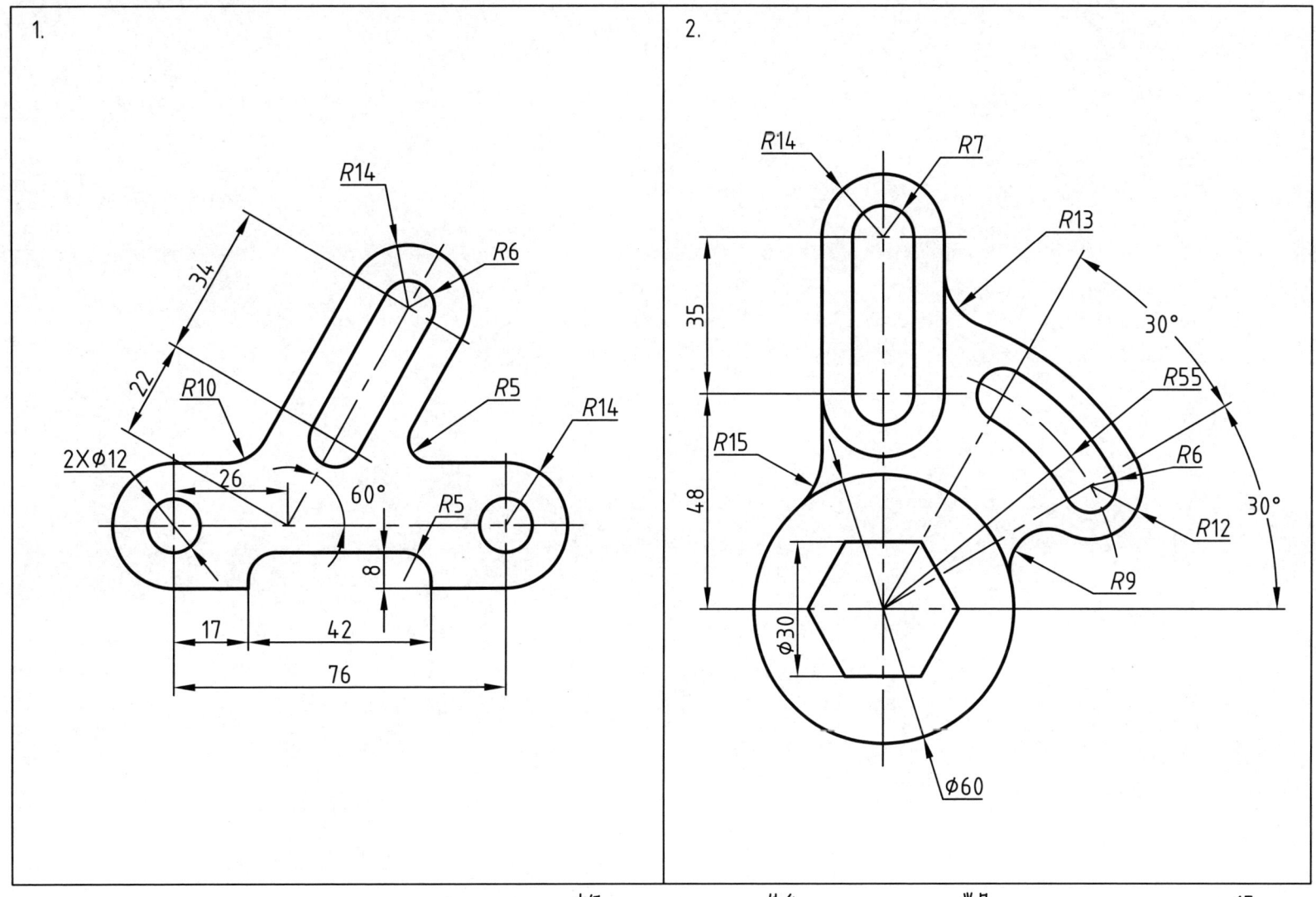

项目2 绘制简单形体三视图　　任务2-1 绘制平面体三视图

绘制下面垫块的三视图。

练习2-1-1 参考立体图，补画俯视图中的缺线

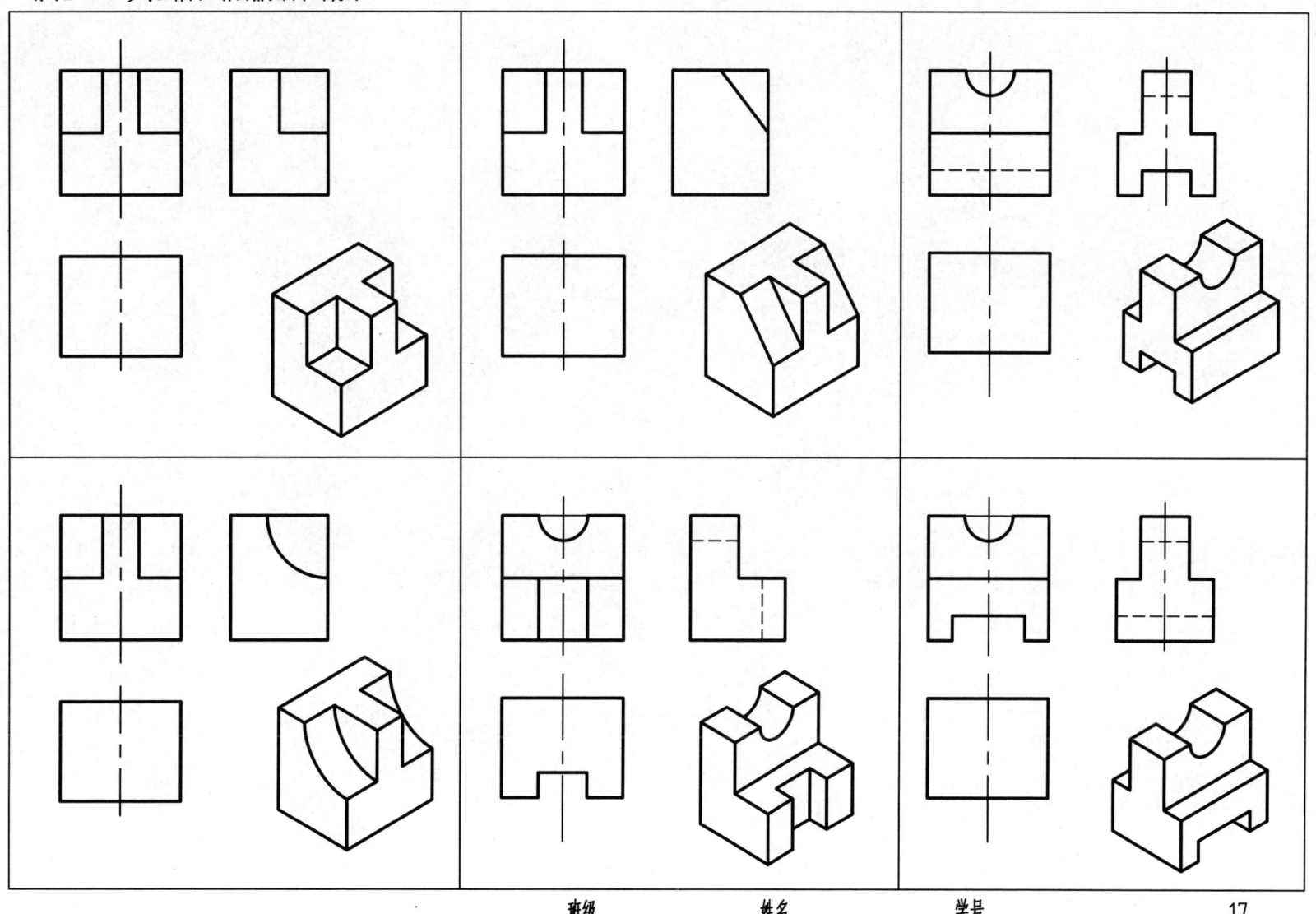

练习2-1-2 完成下列平面体的第三视图

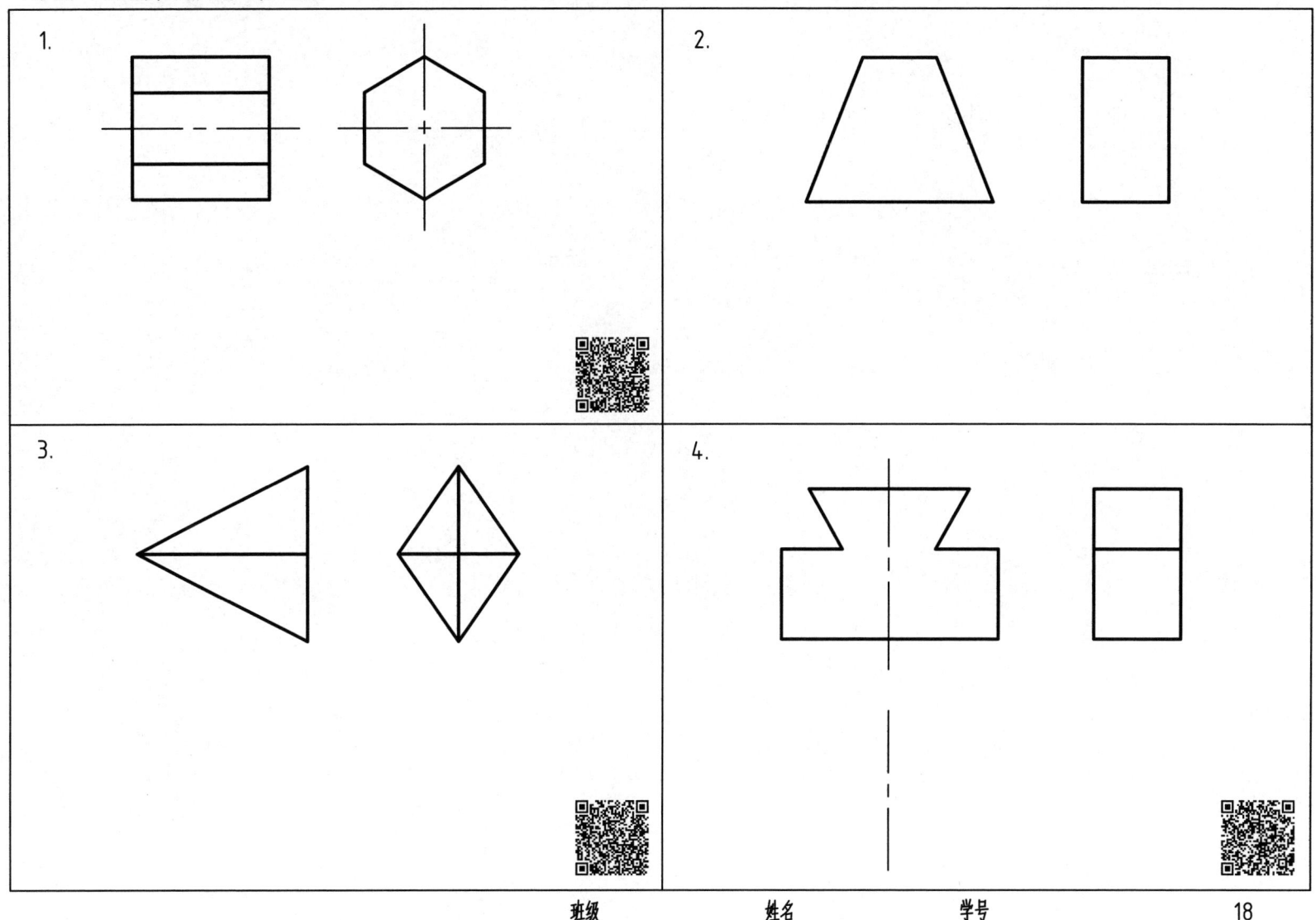

练习2-1-3 绘制平面体三视图

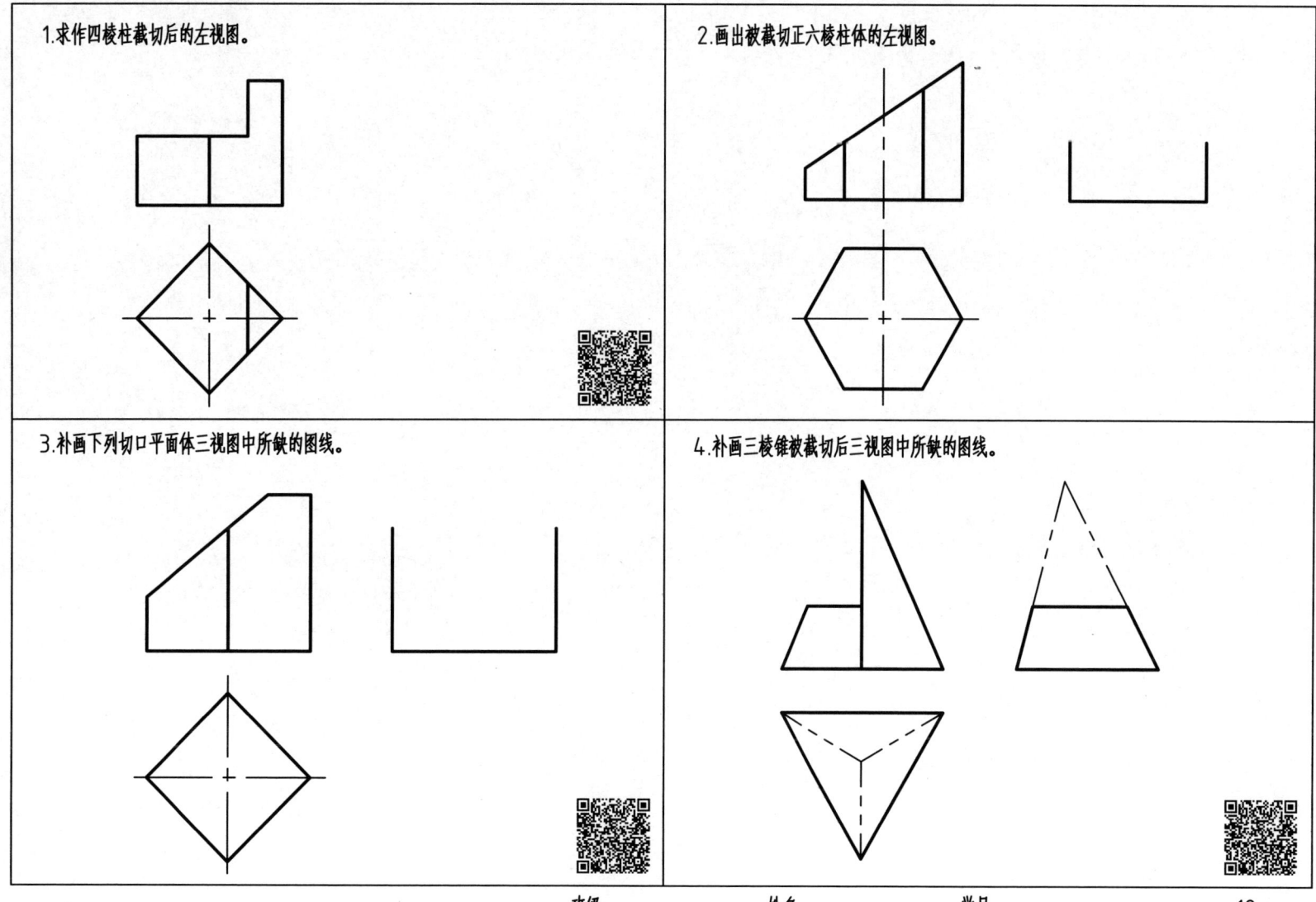

任务2-2 绘制回转体三视图

绘制下面接头的三视图。

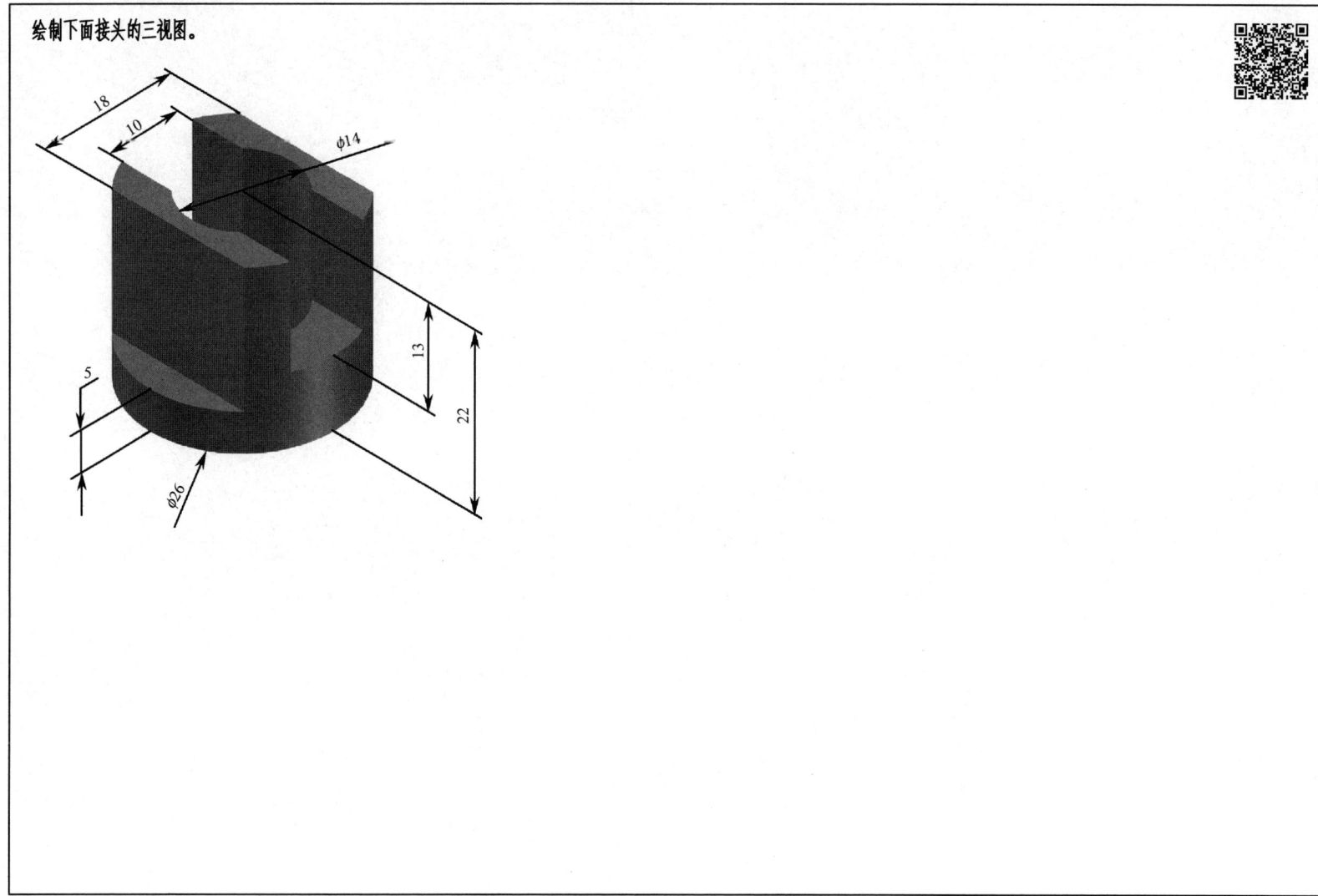

班级　　　姓名　　　学号

练习2-2-1 绘制回转体三视图

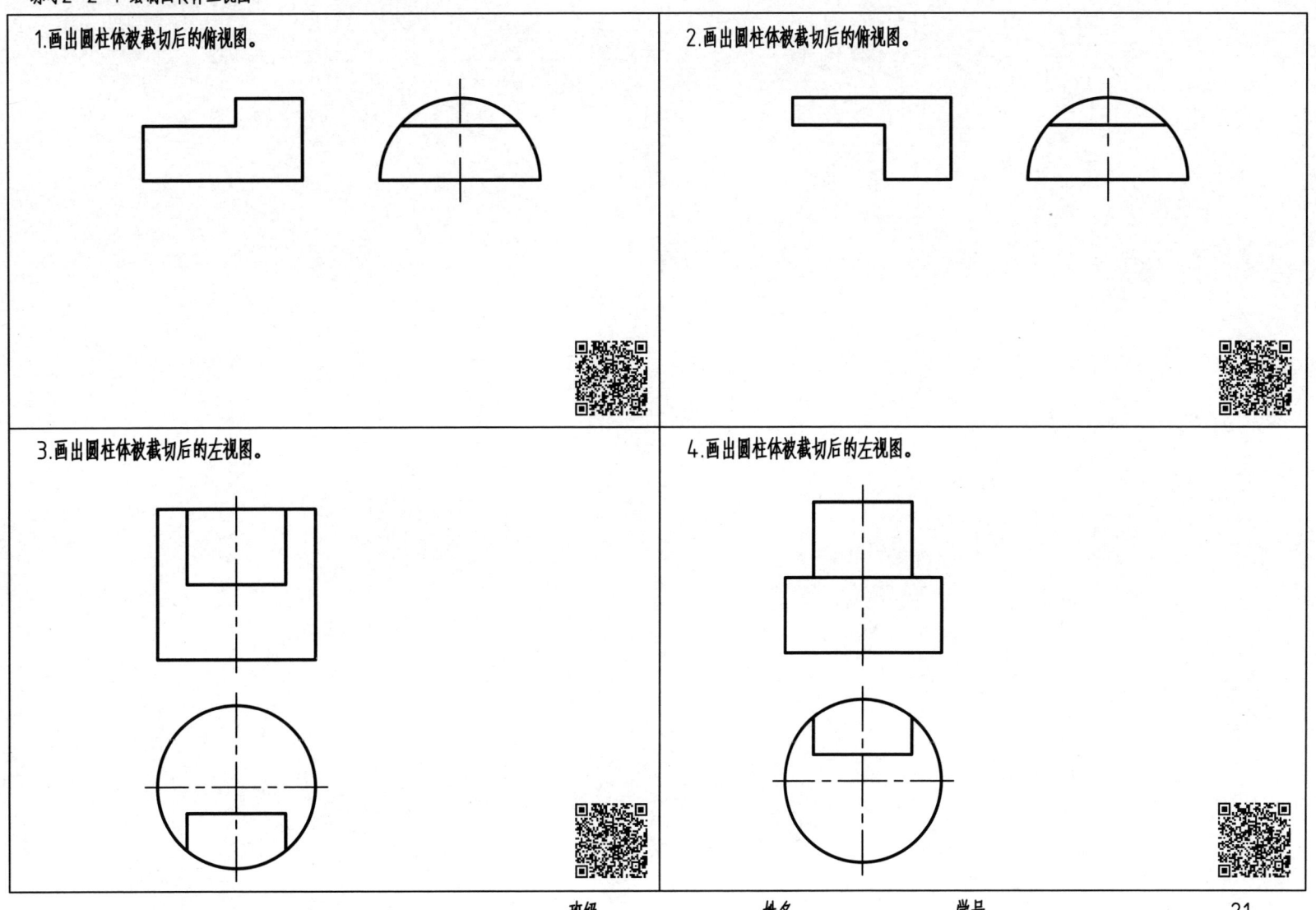

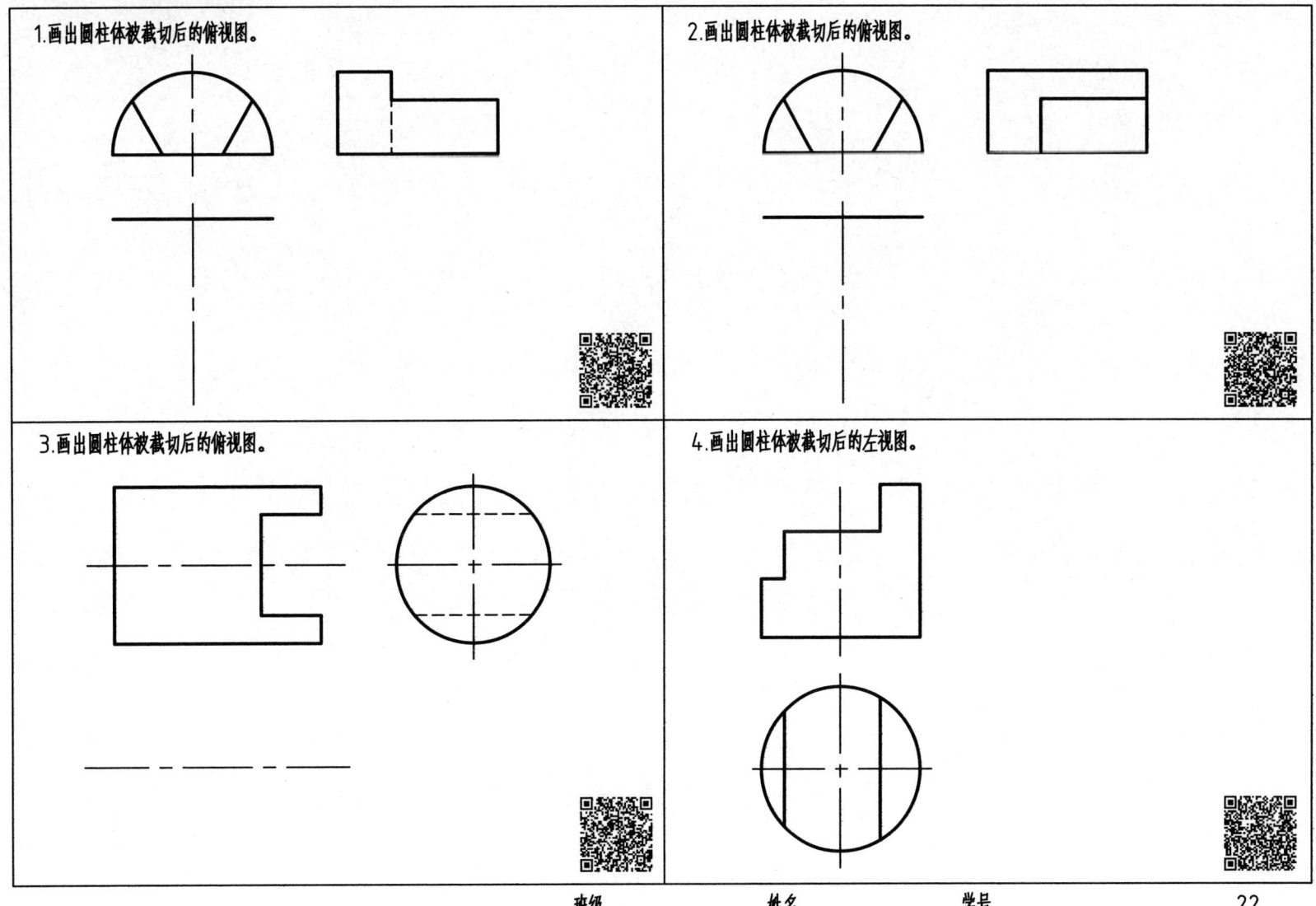

练习2-2-3 绘制回转体三视图

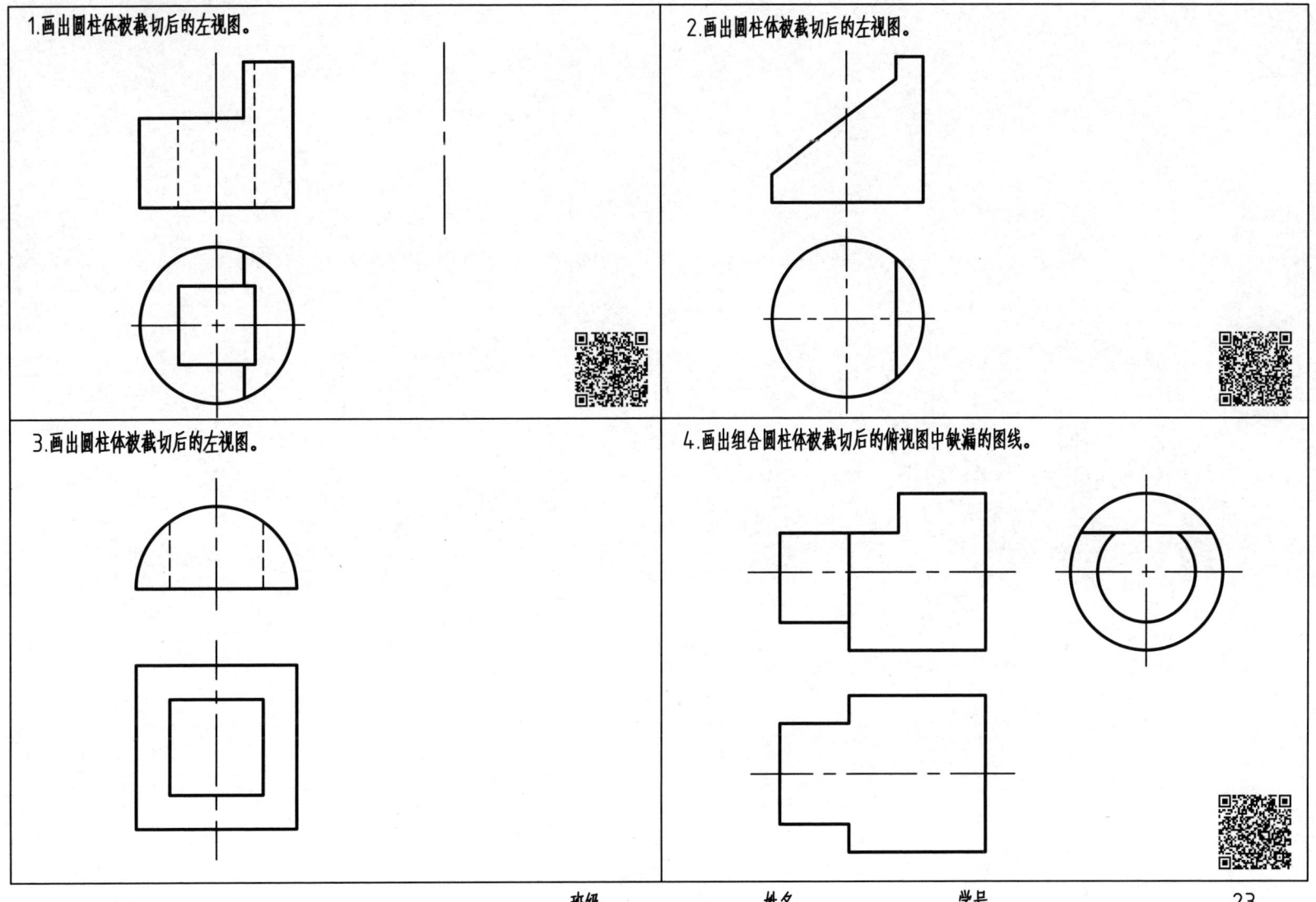

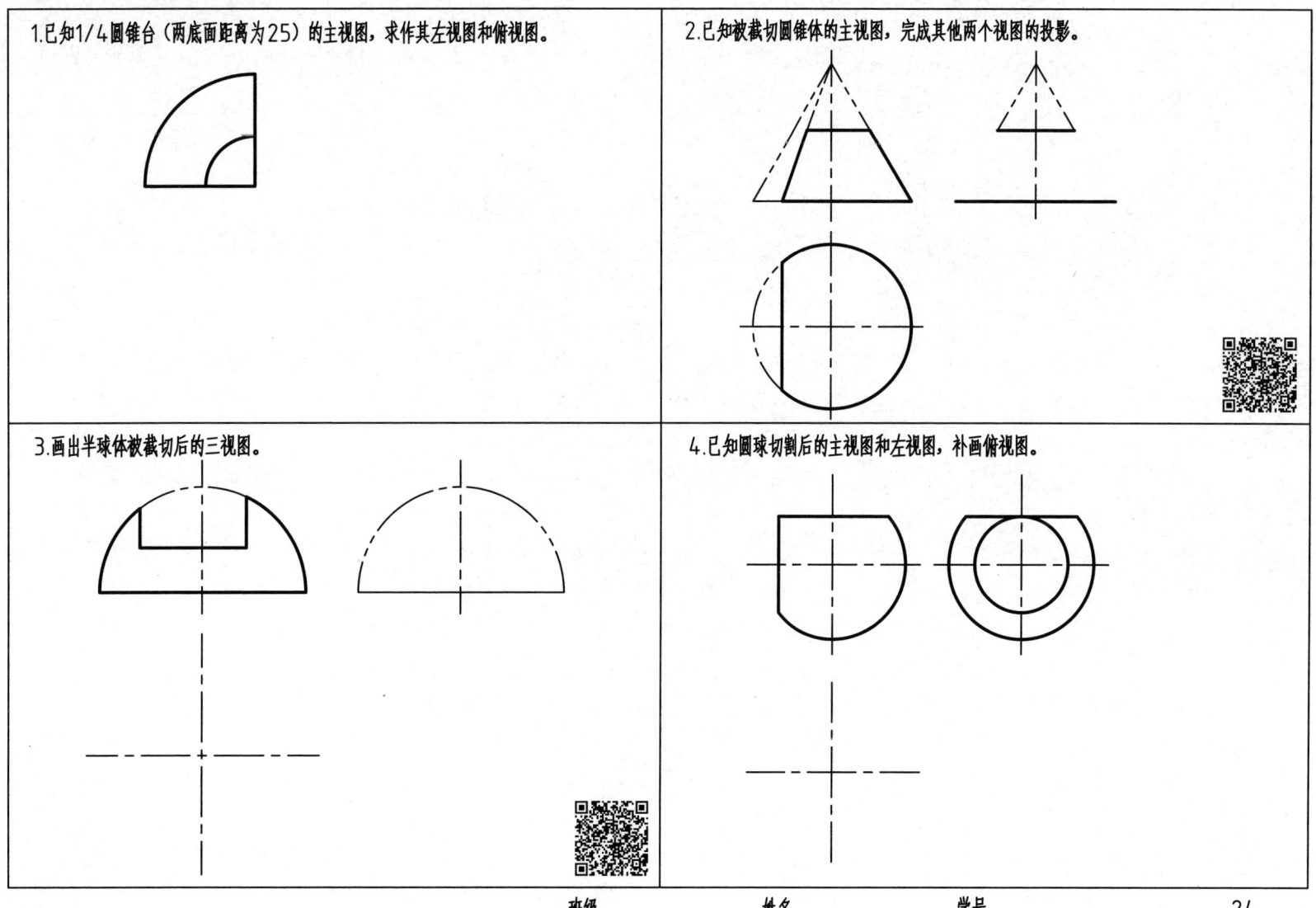

任务2-3 绘制相贯体三视图

绘制下面管座的三视图。

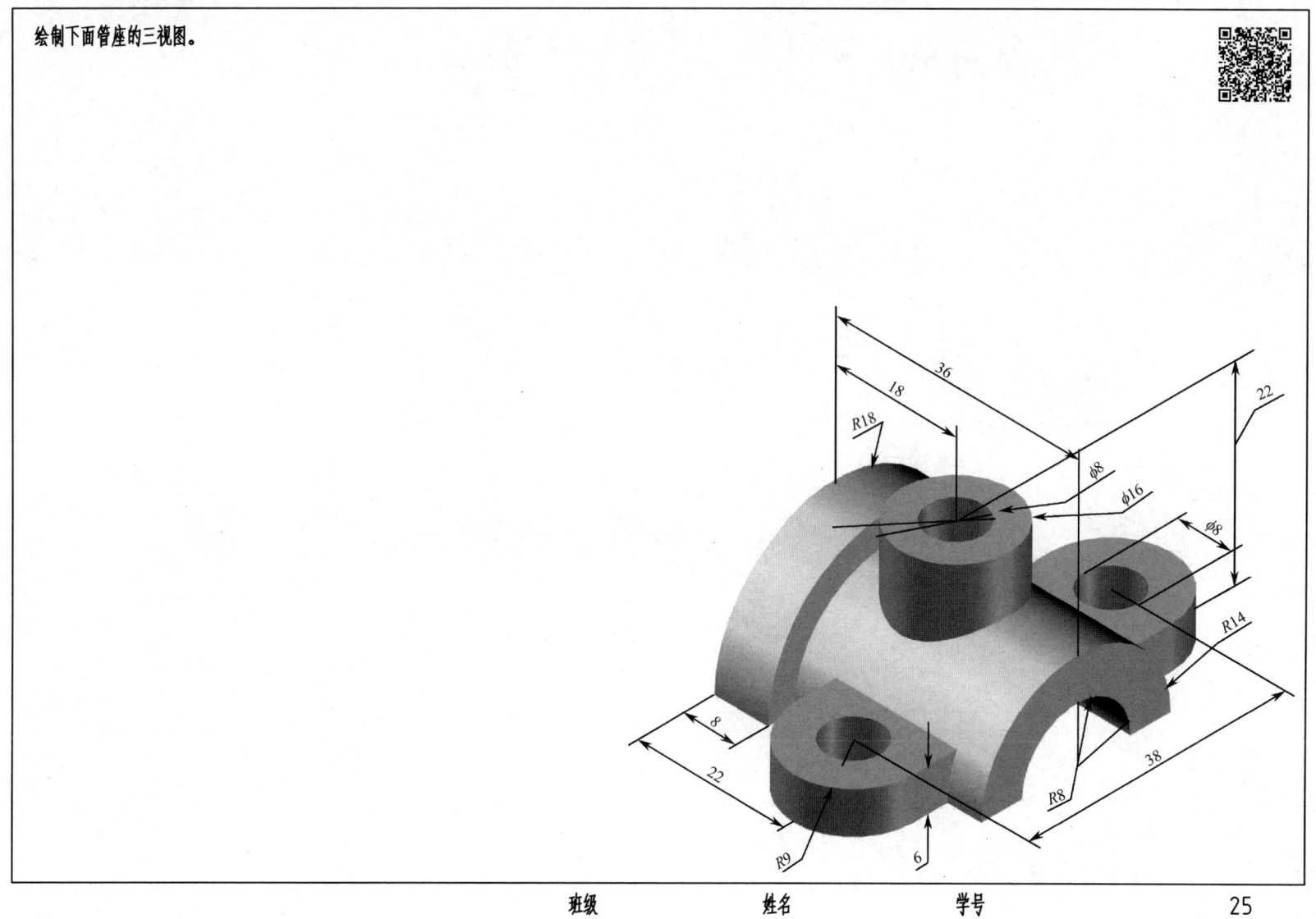

班级　　　　姓名　　　　学号

练习2-3-1 截交线与相贯线

求作截交线与相贯线的投影，完成下列三视图。

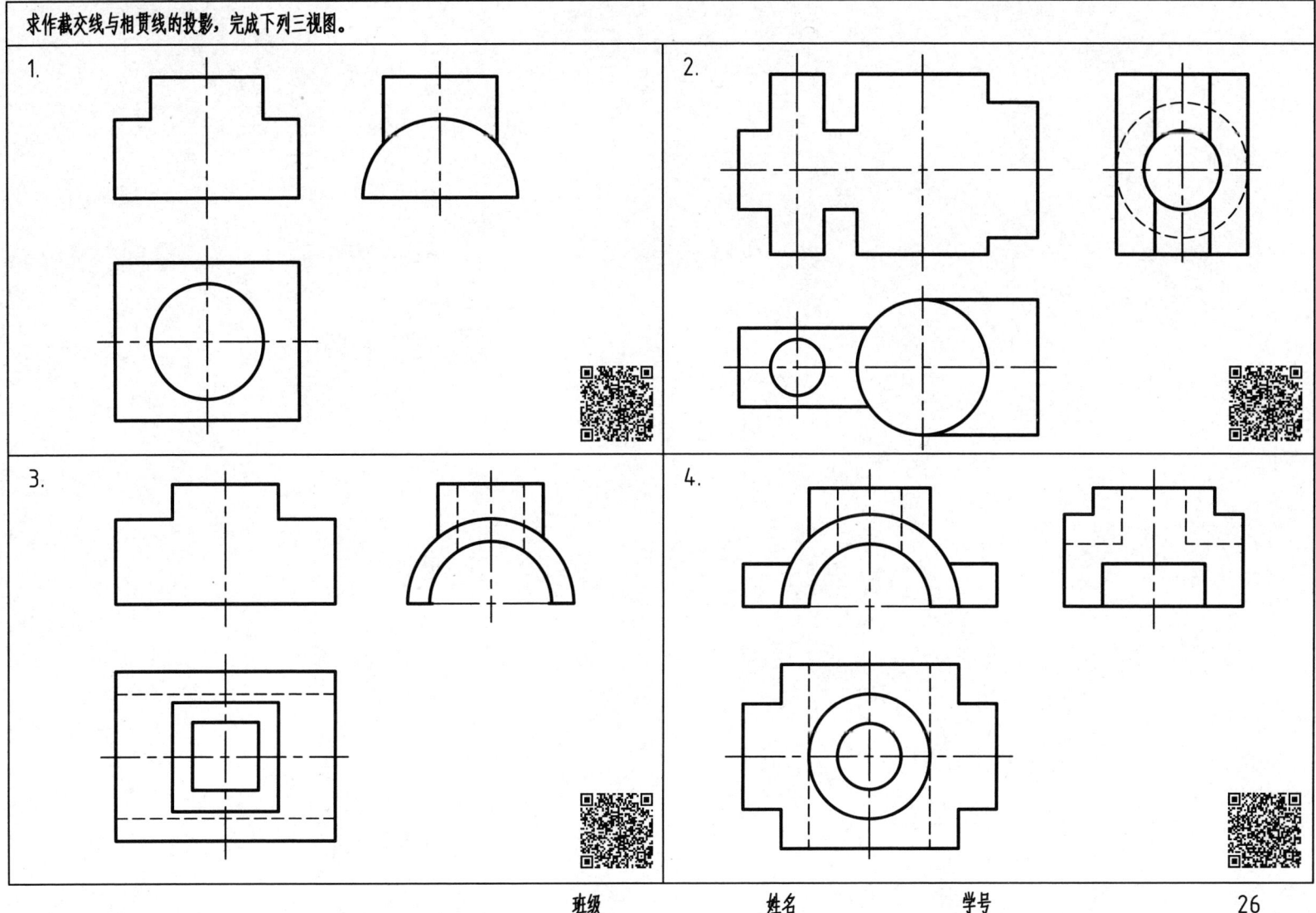

练习2-3-2 截交线与相贯线

求作截交线与相贯线的投影，完成下列三视图。

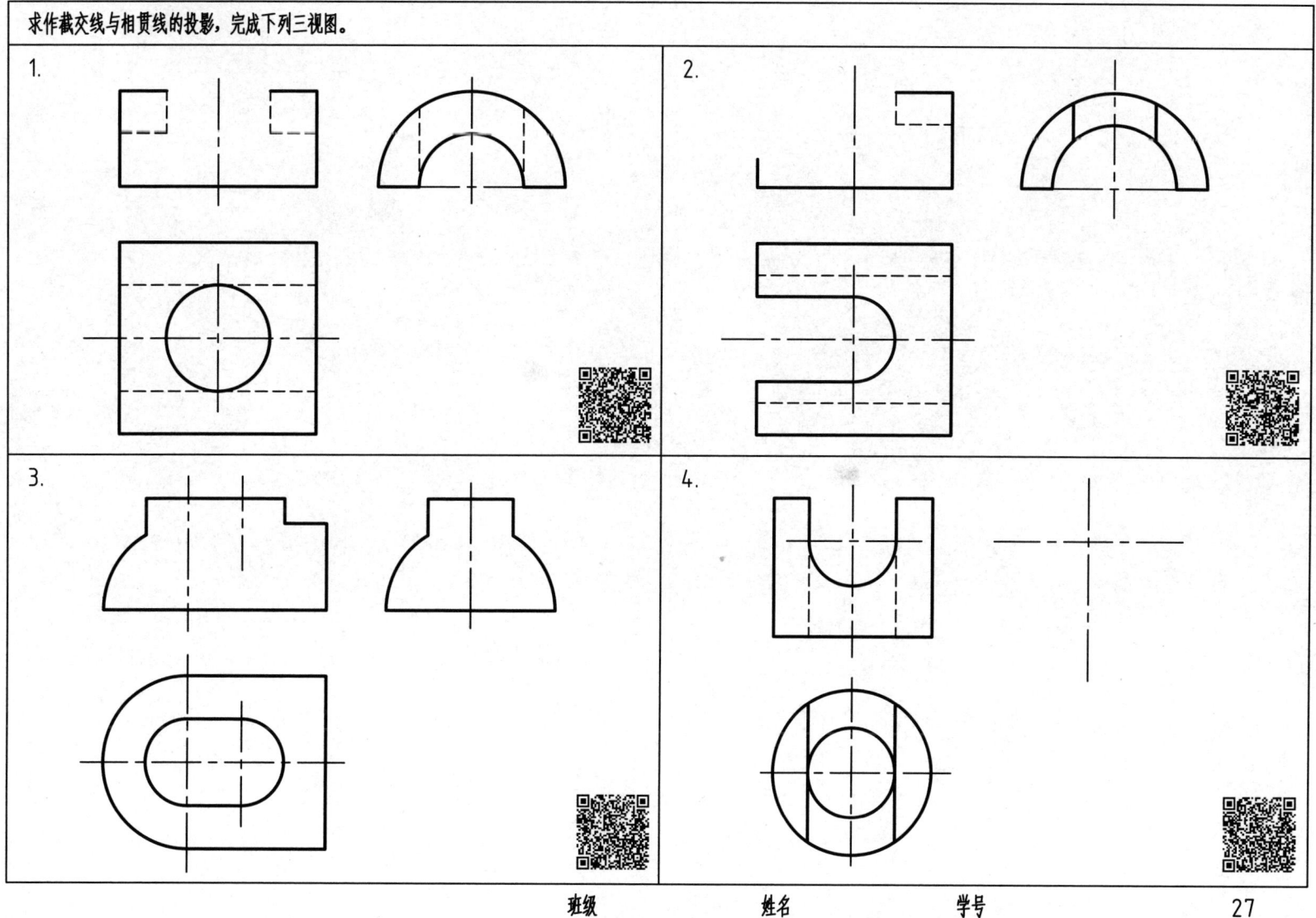

任务2-4 绘制组合体三视图

绘制下面支座的三视图。

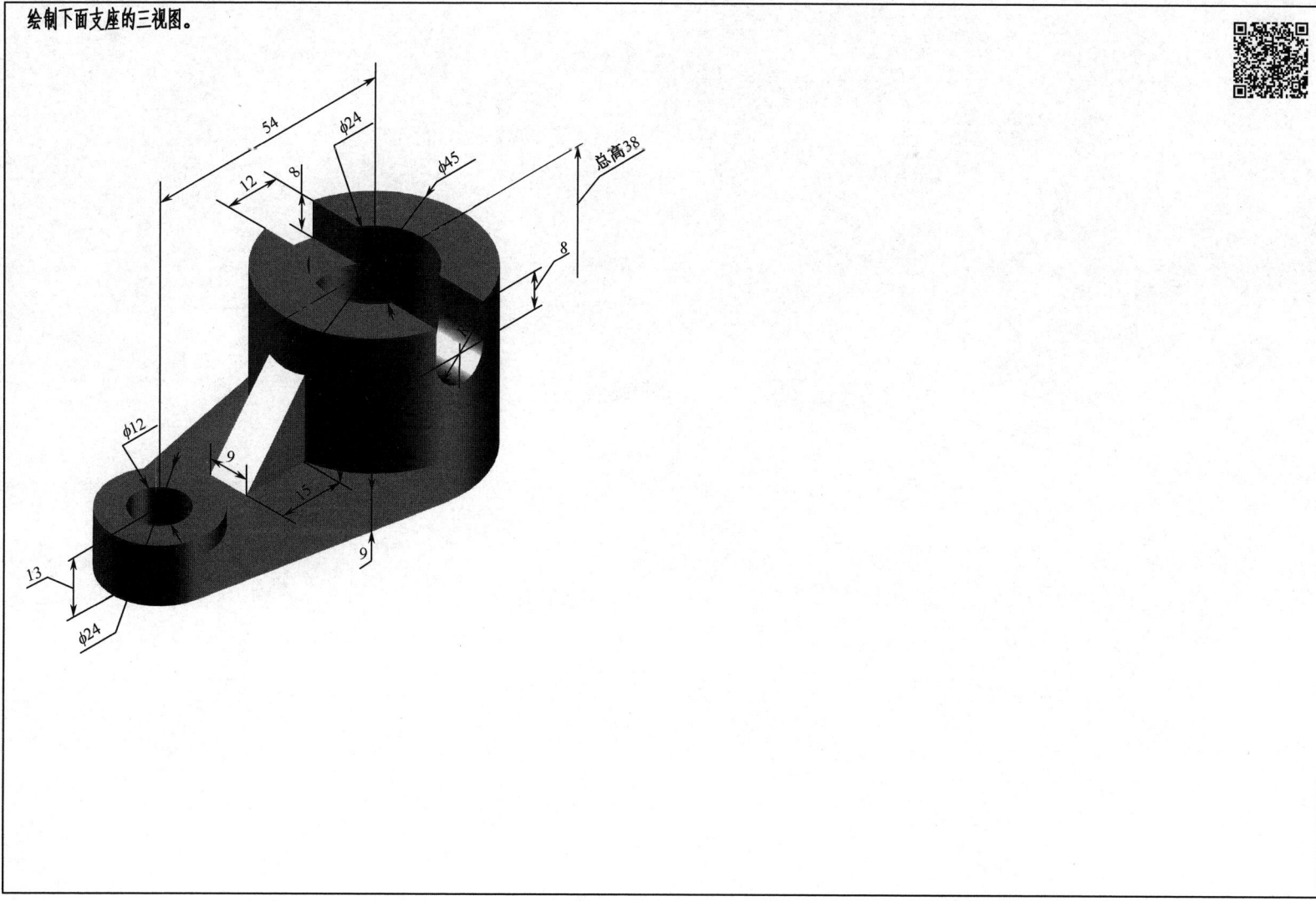

班级　　　姓名　　　学号

练习2-4-1 参照立体图，画全三视图（未知尺寸可在立体图上量取）

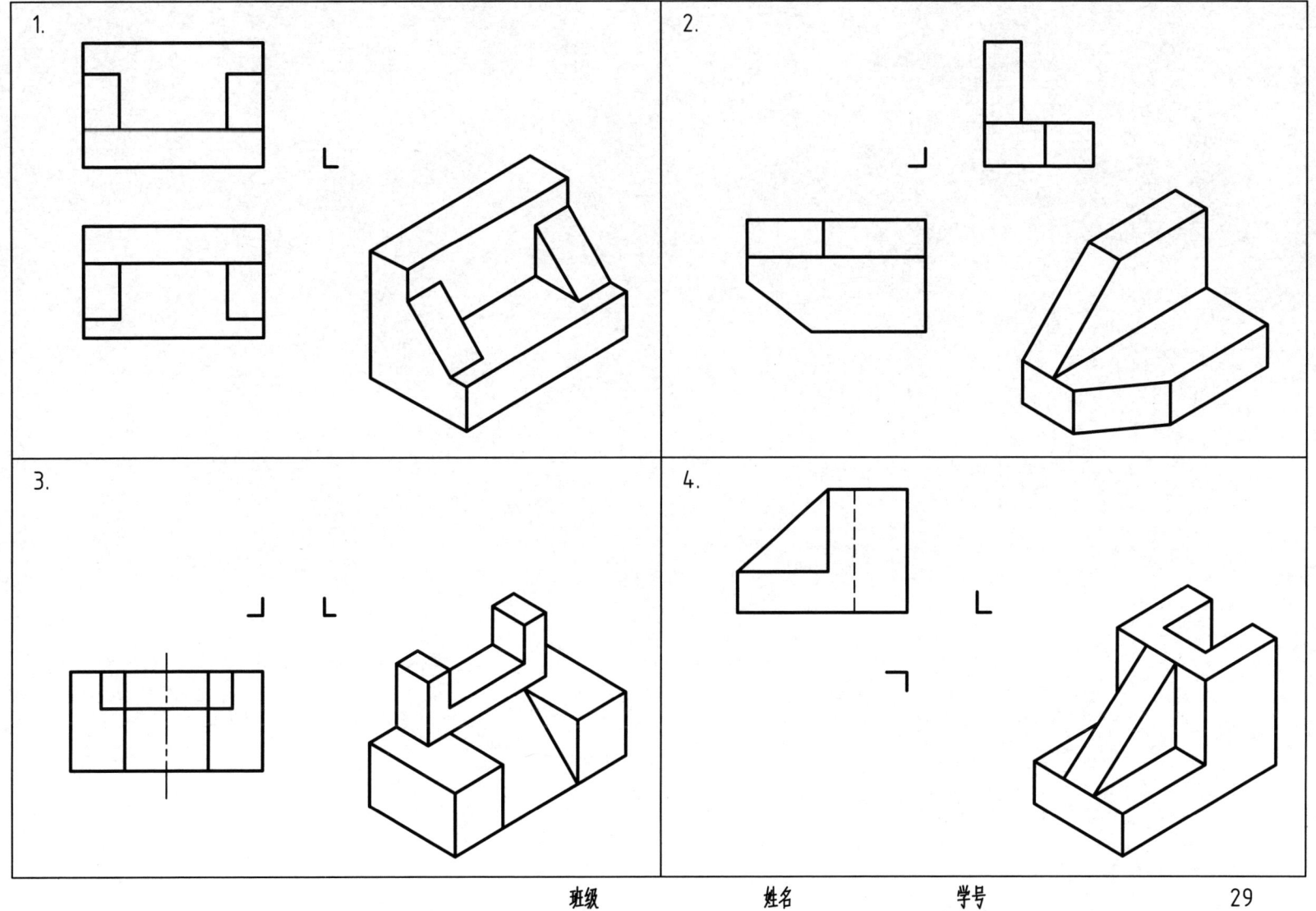

练习2-4-2 根据轴测图（尺寸直接在图上按1∶1量取）画三视图

1.

2.

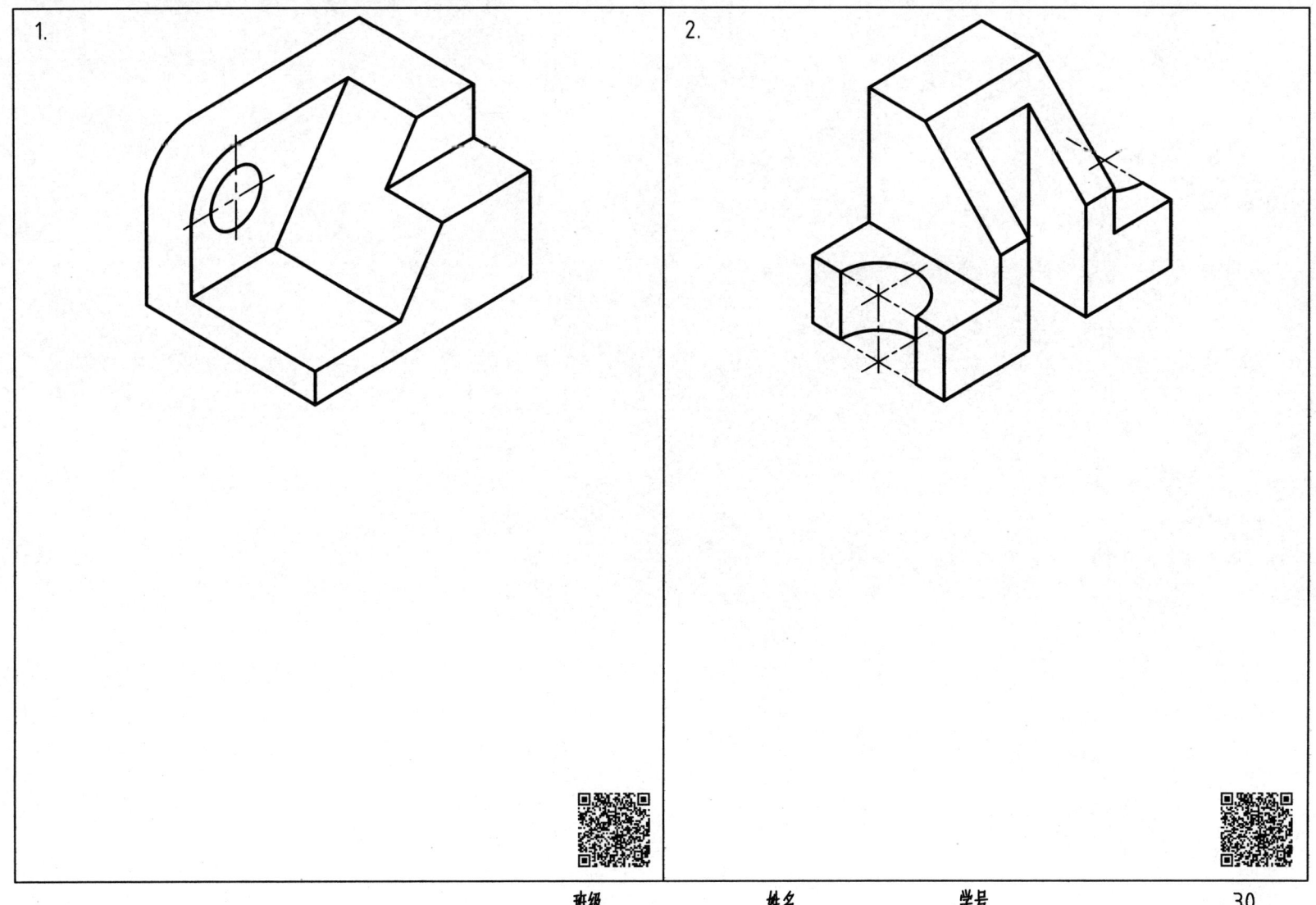

练习2-4-3 根据轴测图，按1：1画出其三视图

1.

2.

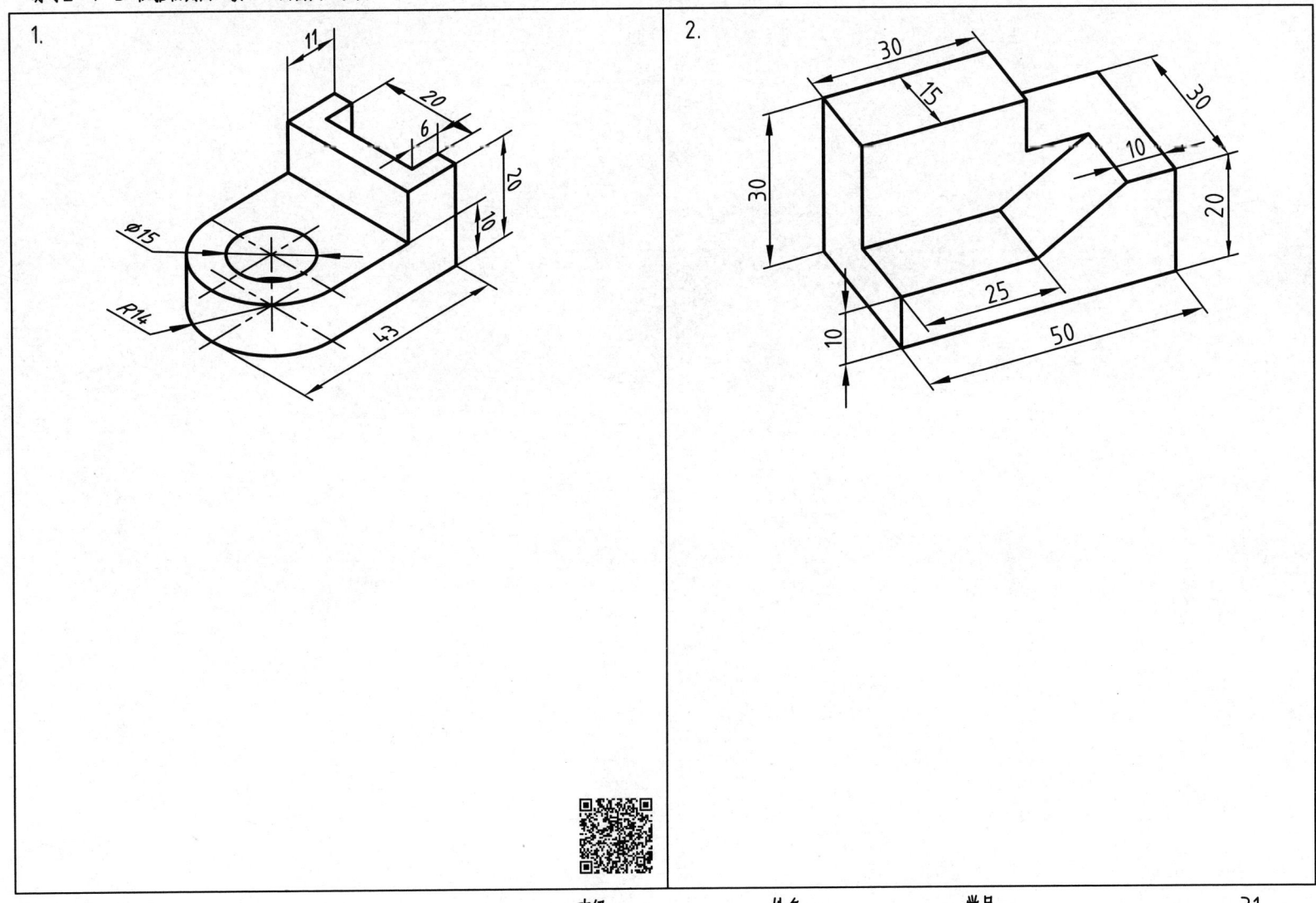

练习2-4-4 根据轴测图，按1:1画出其三视图

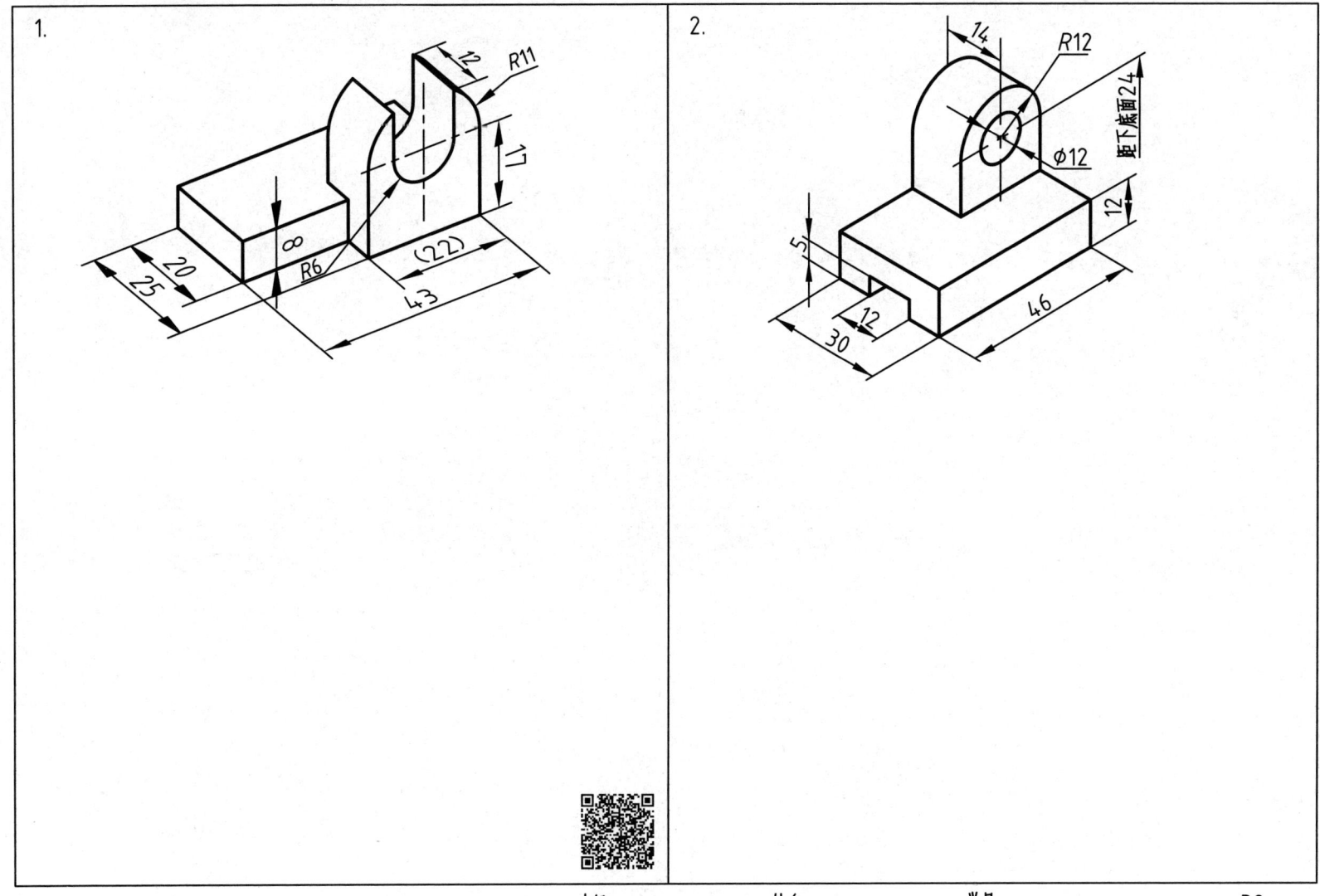

练习2-4-5 根据轴测图，按1:1画出其三视图

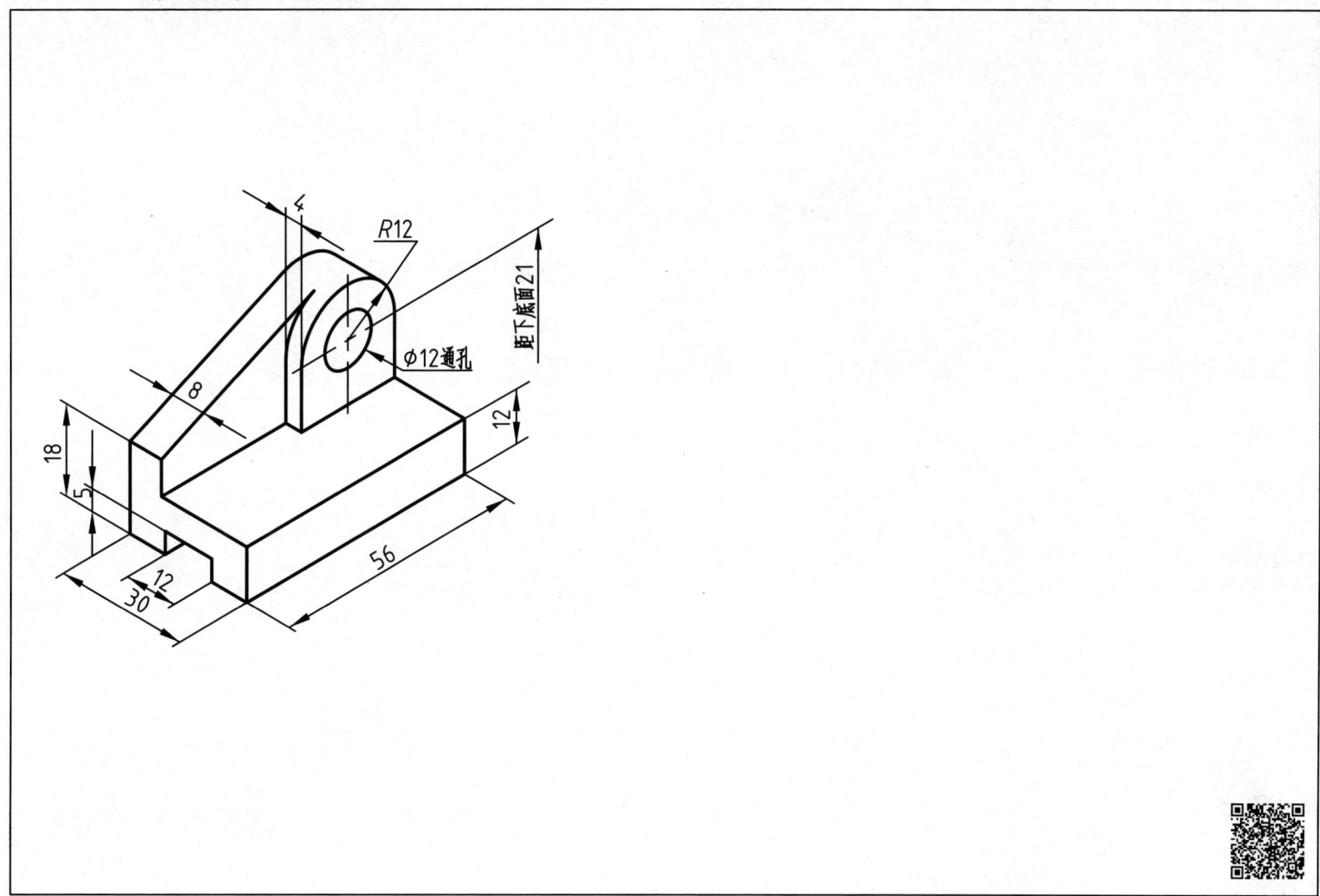

练习2-4-6 根据轴测图，按1:1画出其三视图

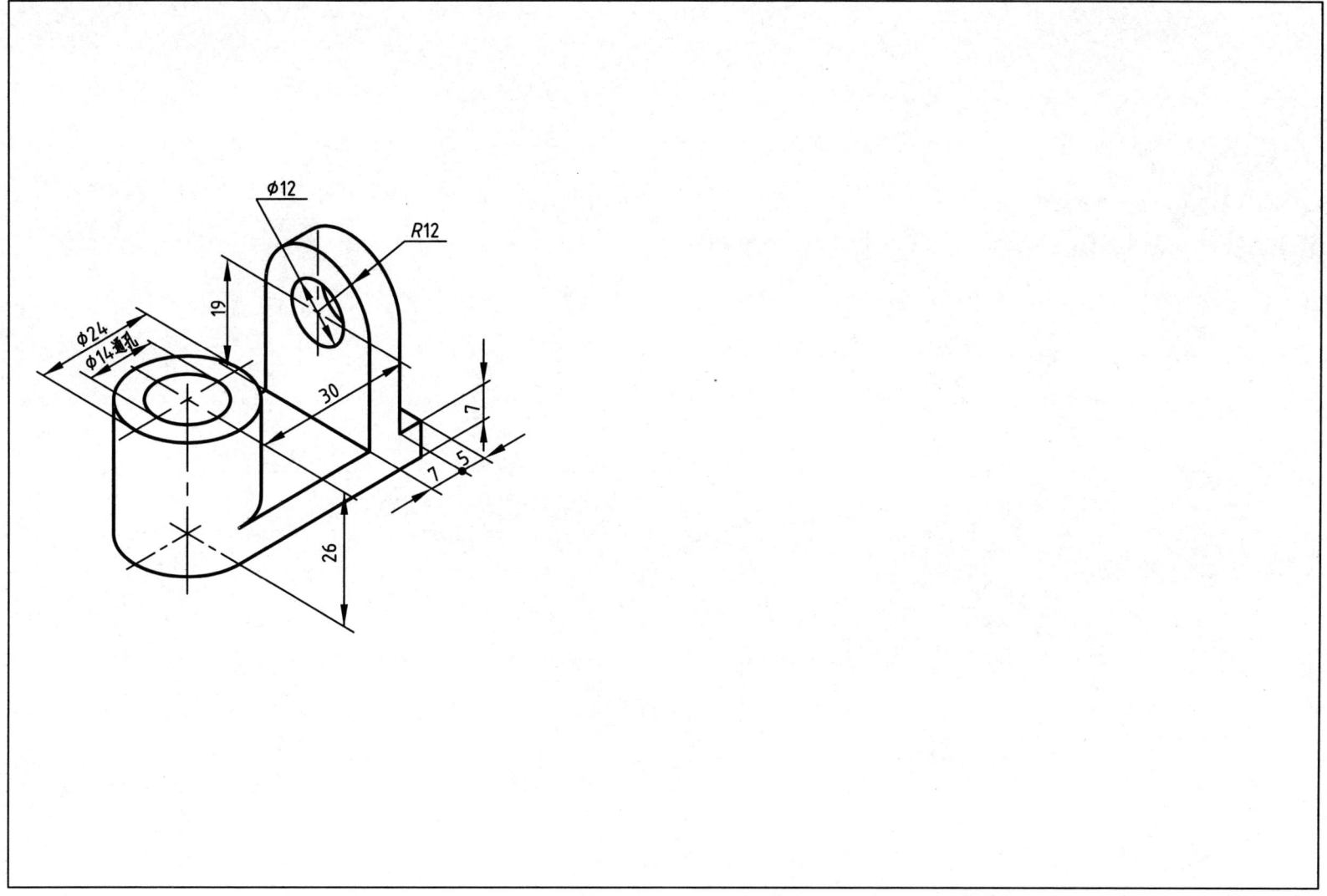

练习2-4-7 根据轴测图，按1:1画出其三视图

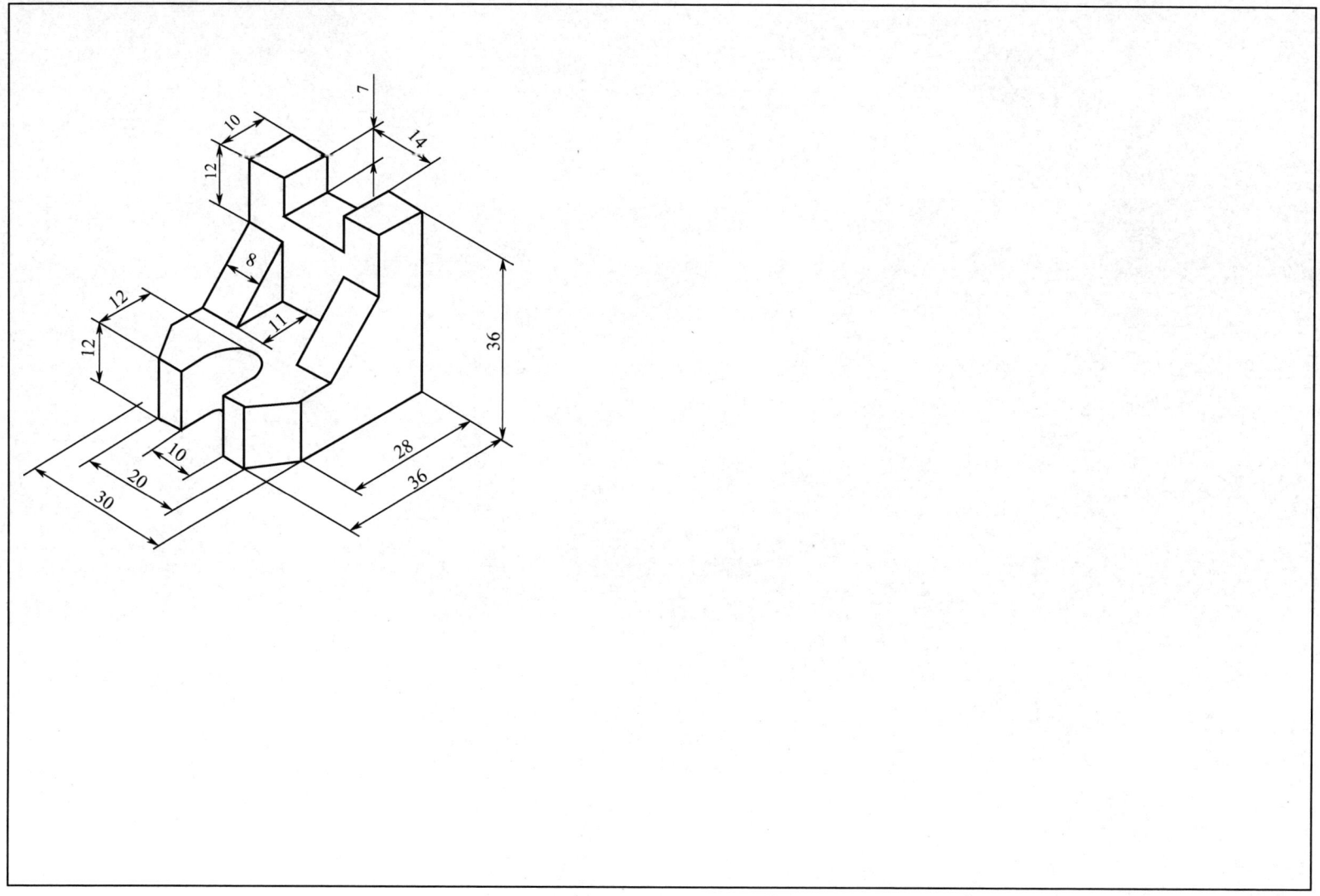

练习2-4-8 已知两个视图补画第三视图

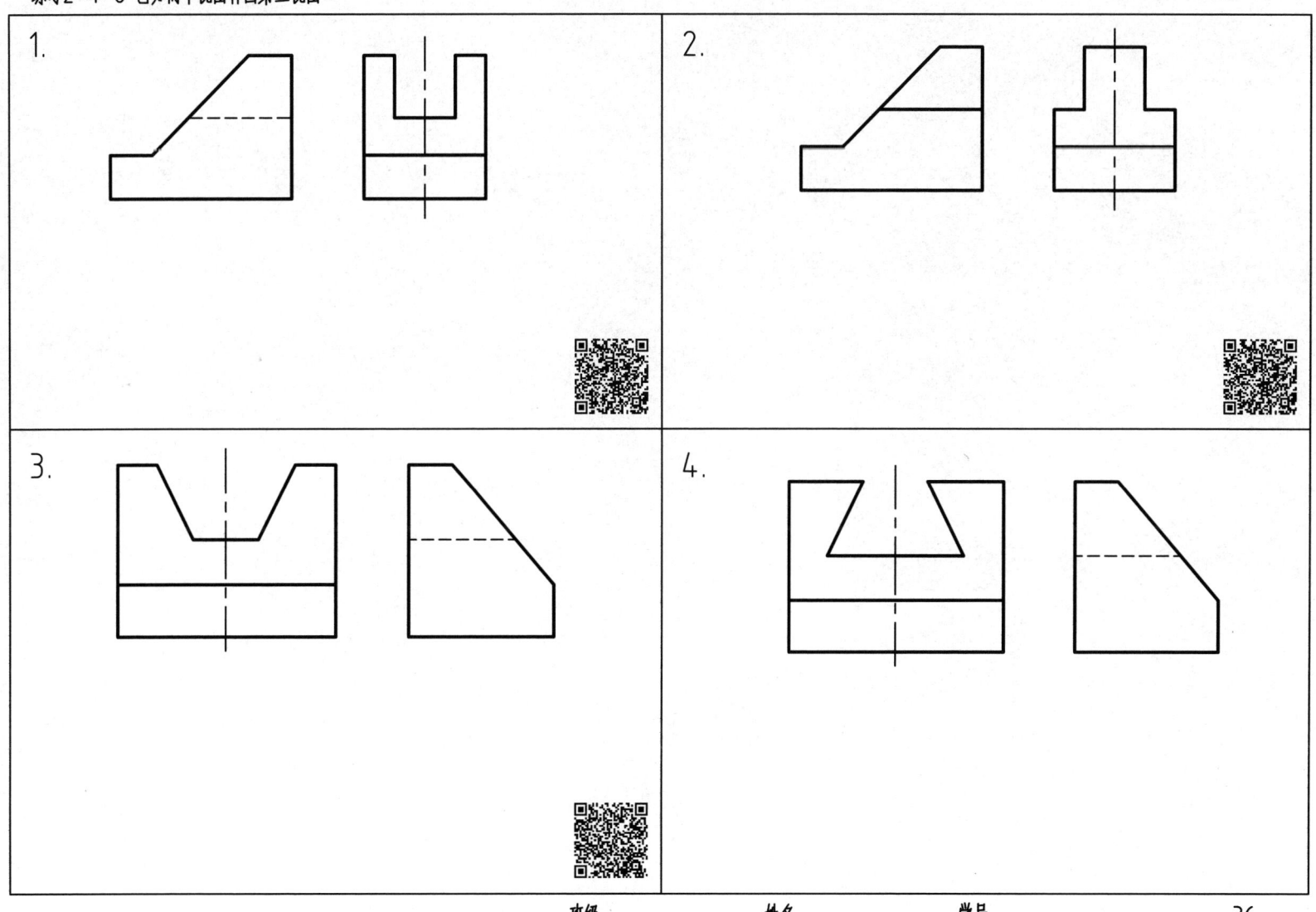

36

练习2-4-9 已知两个视图补画第三视图

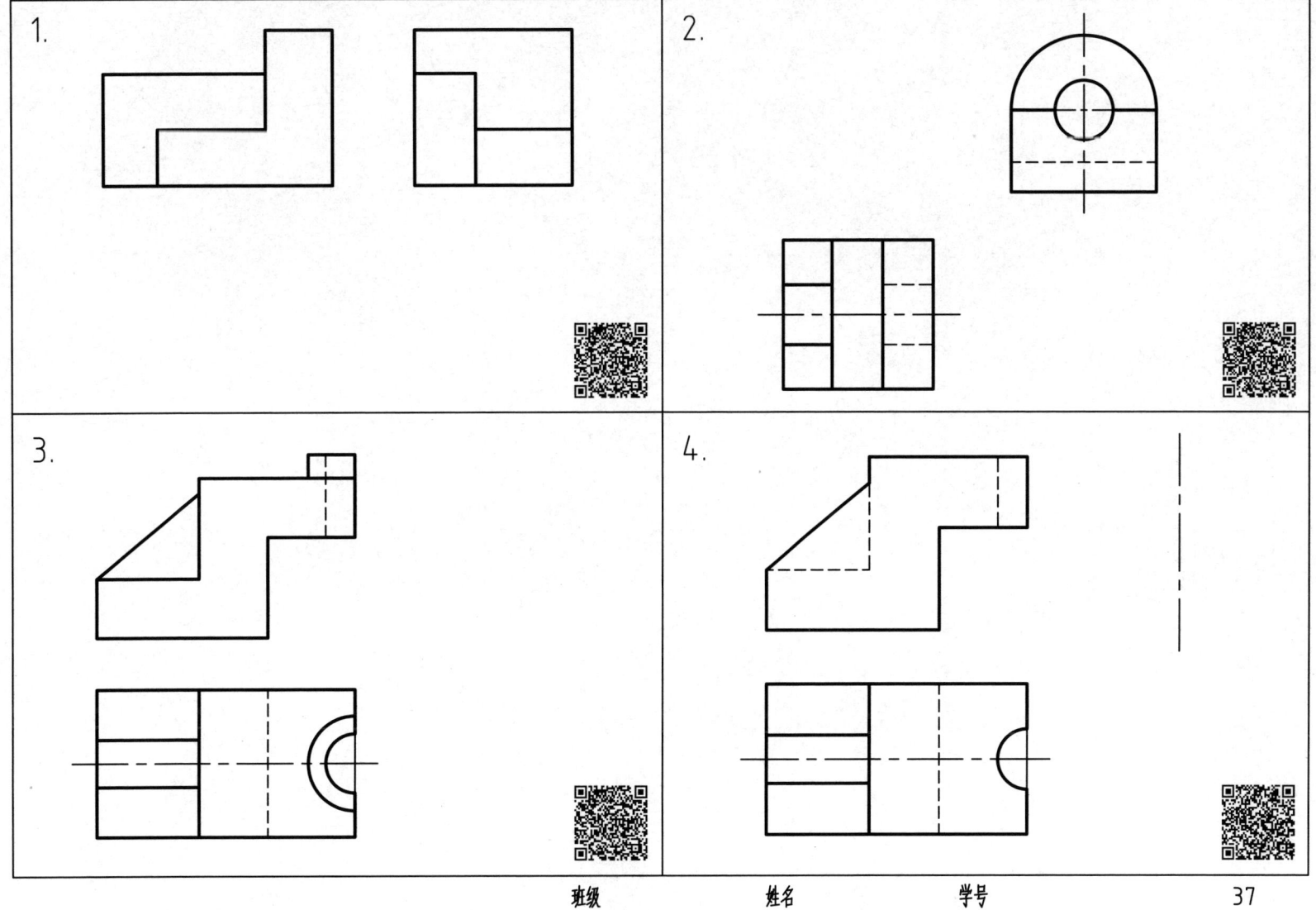

练习2-4-10 已知两个视图补画第三视图

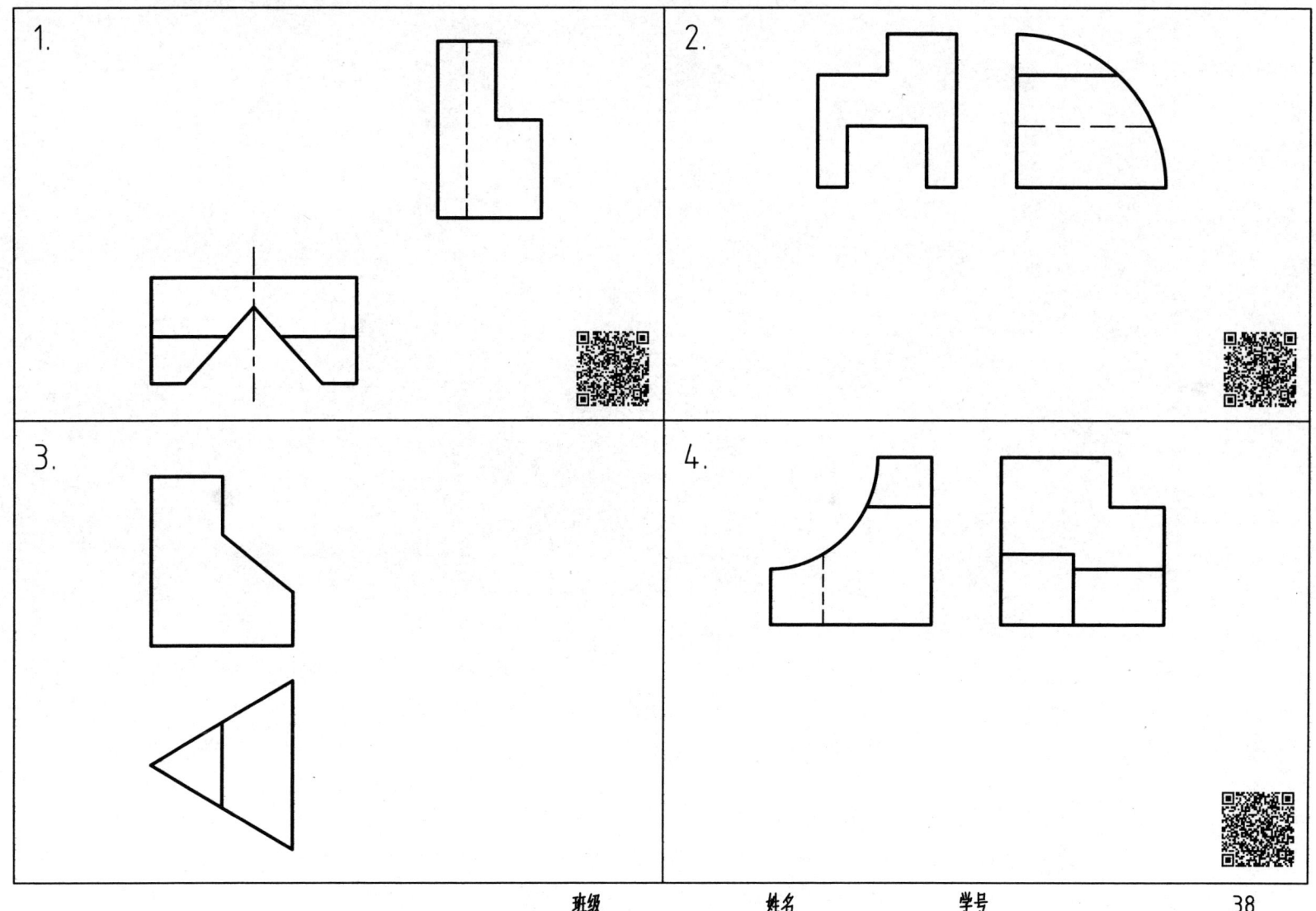

练习2-4-11 已知两个视图补画第三视图

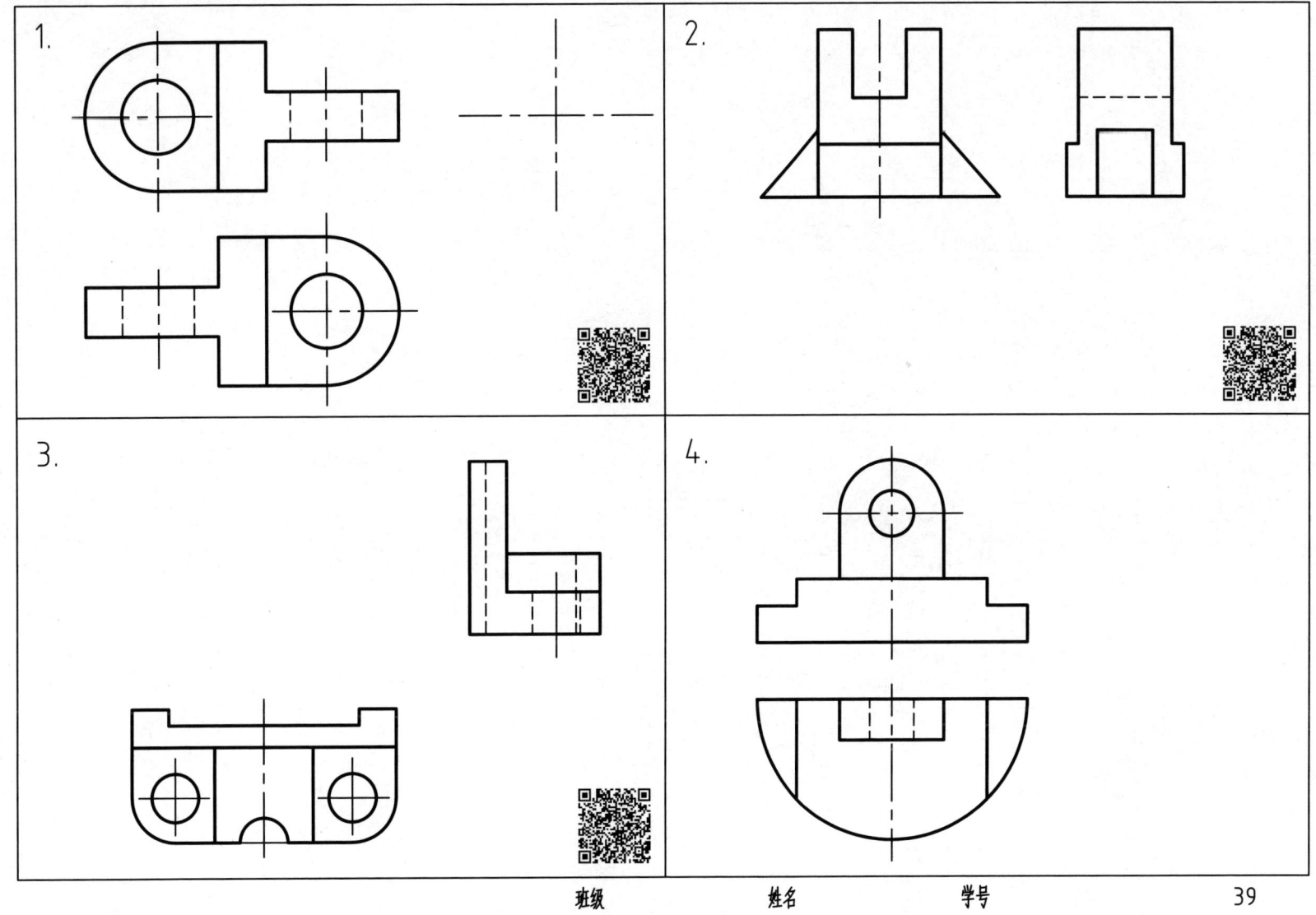

练习2-4-12 已知两个视图补画第三视图

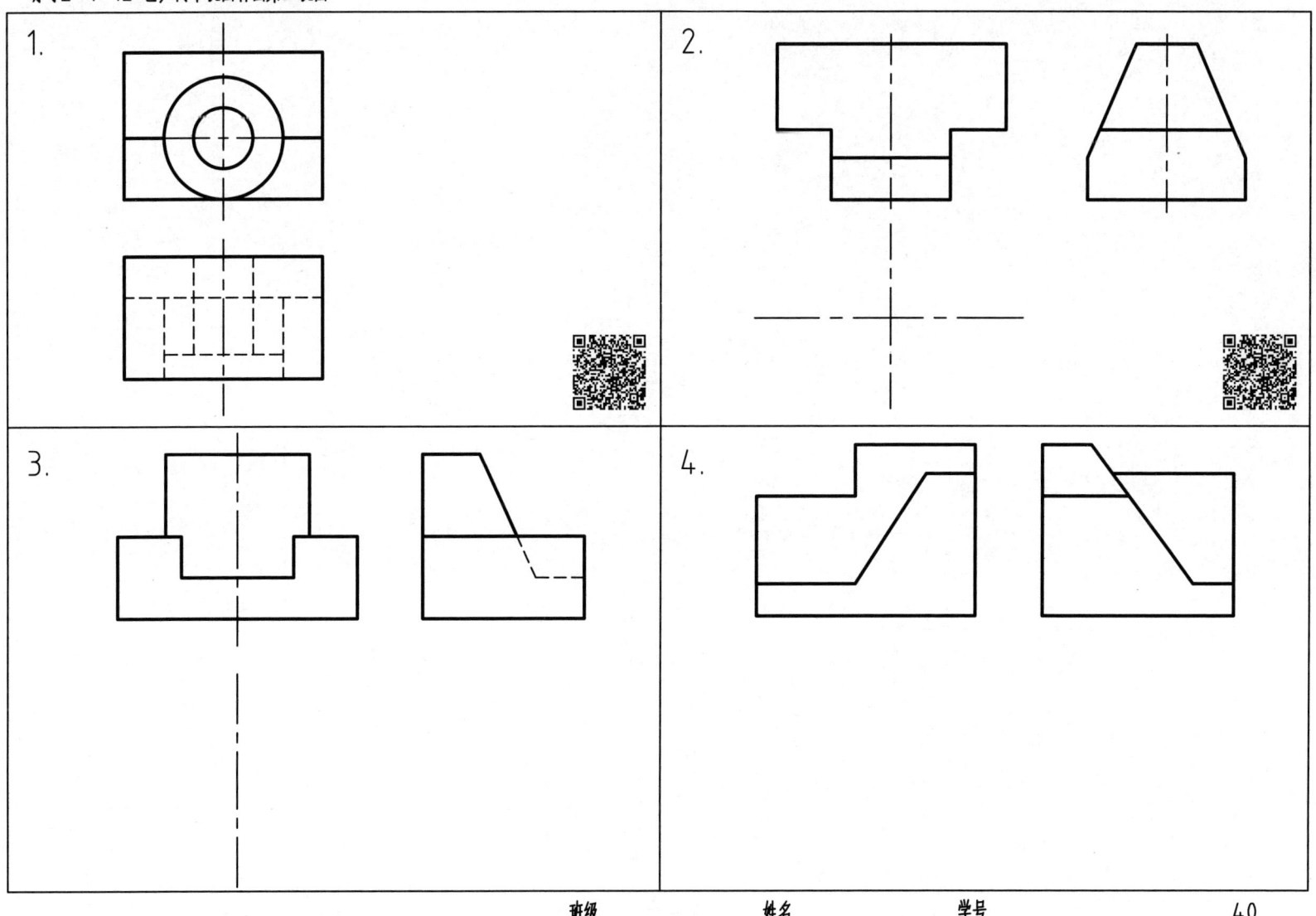

练习2-4-13 补画三视图中所缺的图线

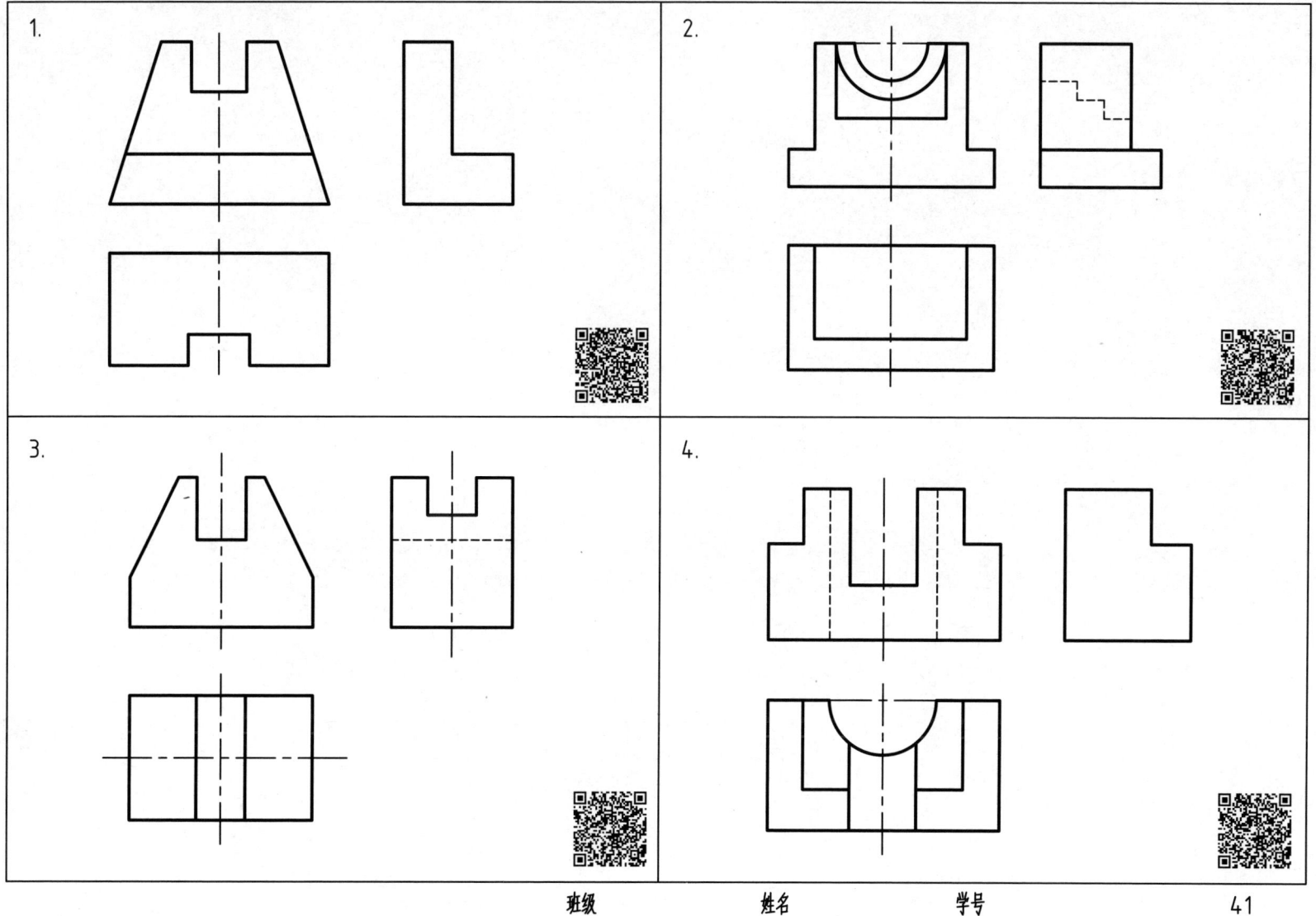

练习2-4-14 完整标注下列三视图中的尺寸，数值从图形中量取并取整

1.

2.

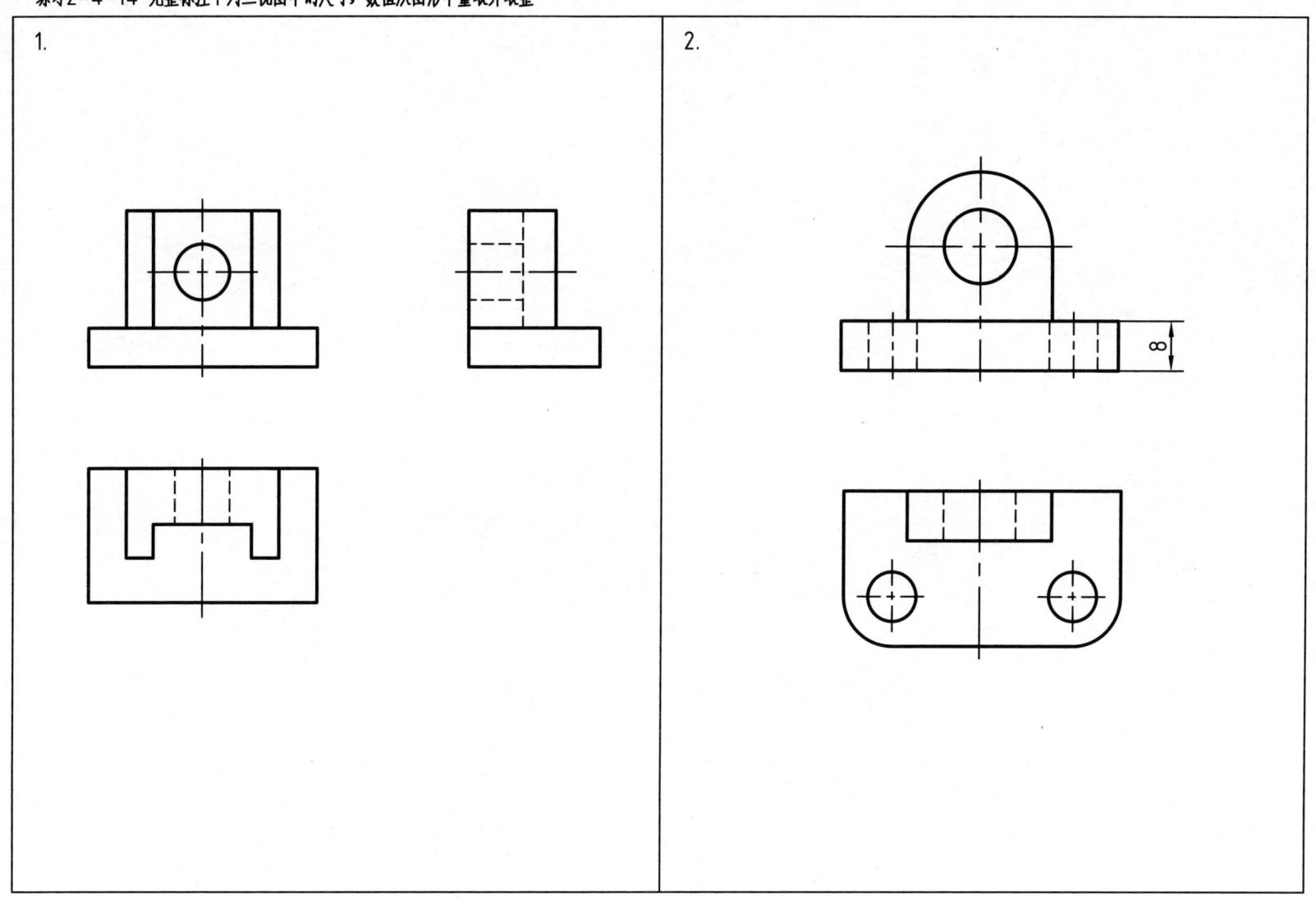

练习2-4-15 完整标注下列三视图中的尺寸，数值从图形中量取并取整

1.

2.

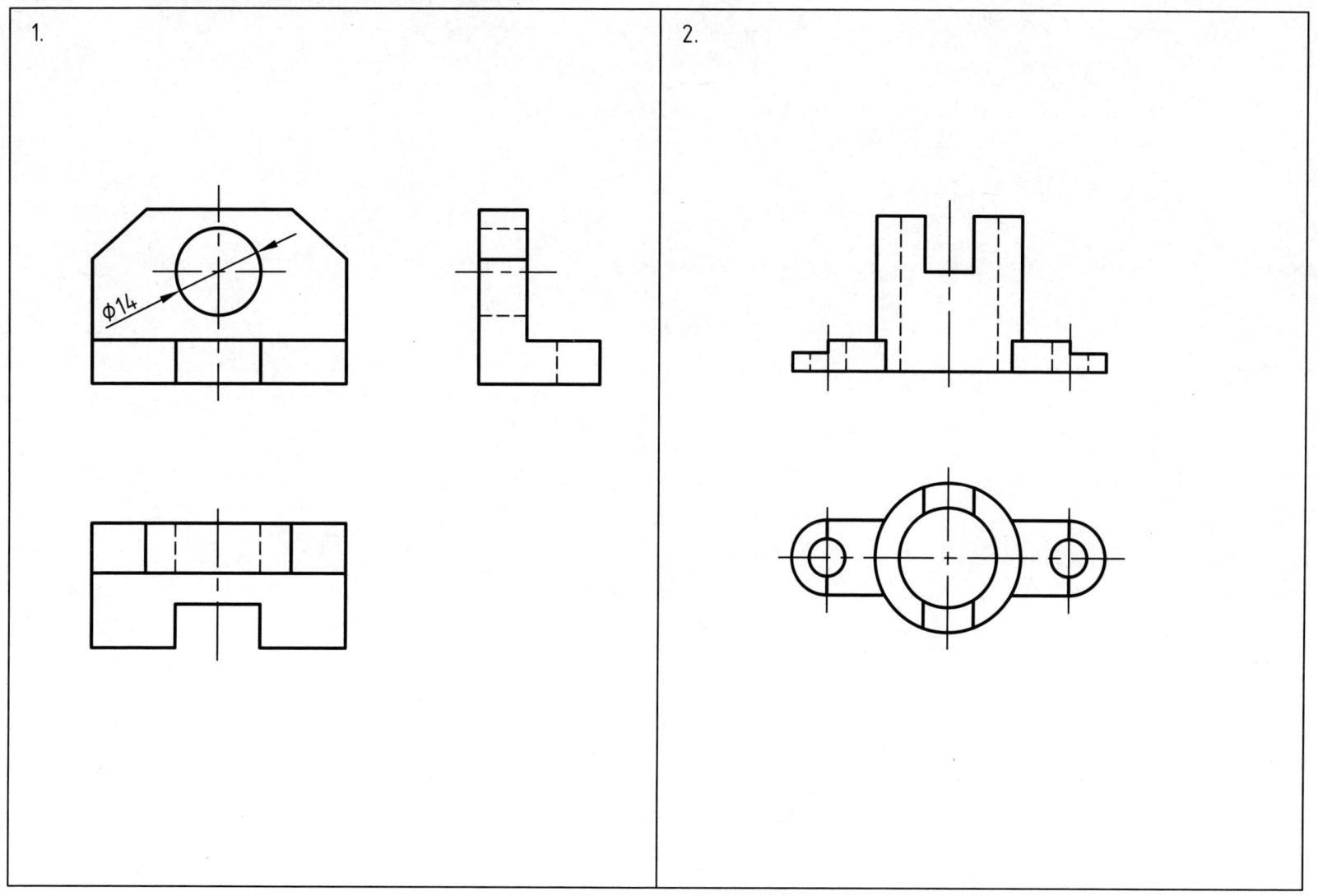

练习2-4-16 完整标注下列三视图中的尺寸，数值从图形中量取并取整

1.

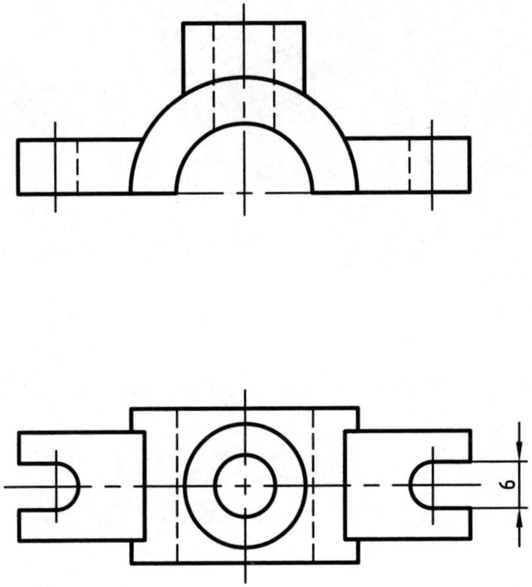

2.

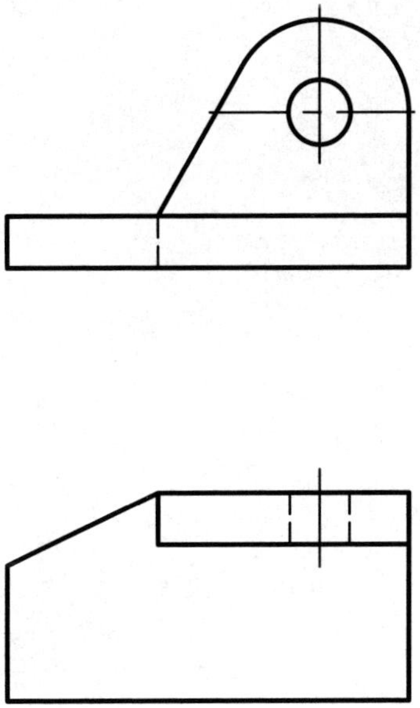

班级　　　姓名　　　学号　　　44

练习2-4-17 完整标注下列三视图中的尺寸，数值从图形中量取并取整

1.

2.

3.

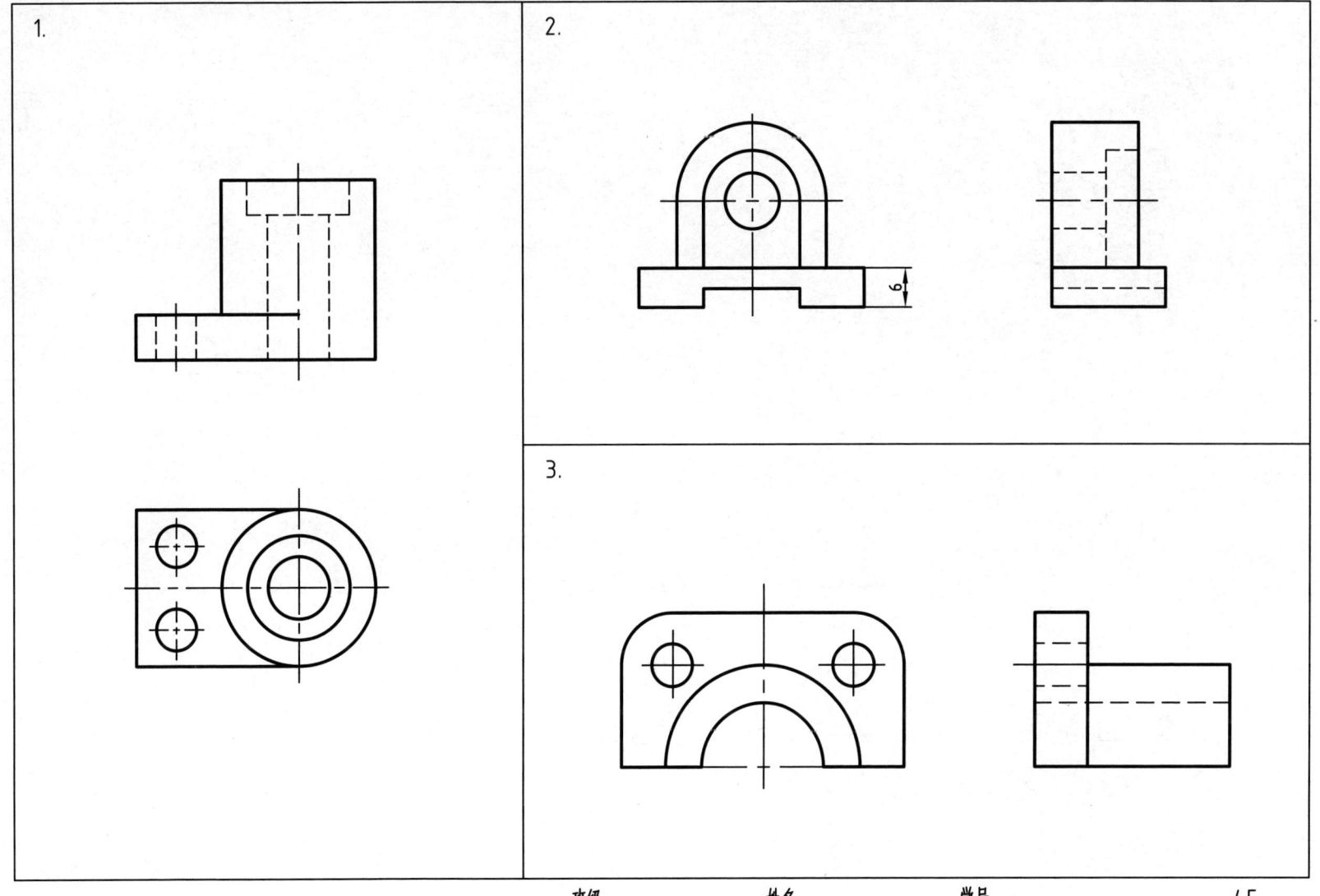

项目3 识读和绘制机件图样 任务3-1 绘制支架轴测图

如下图所示支架视图及立体图,绘制其正等轴测图。

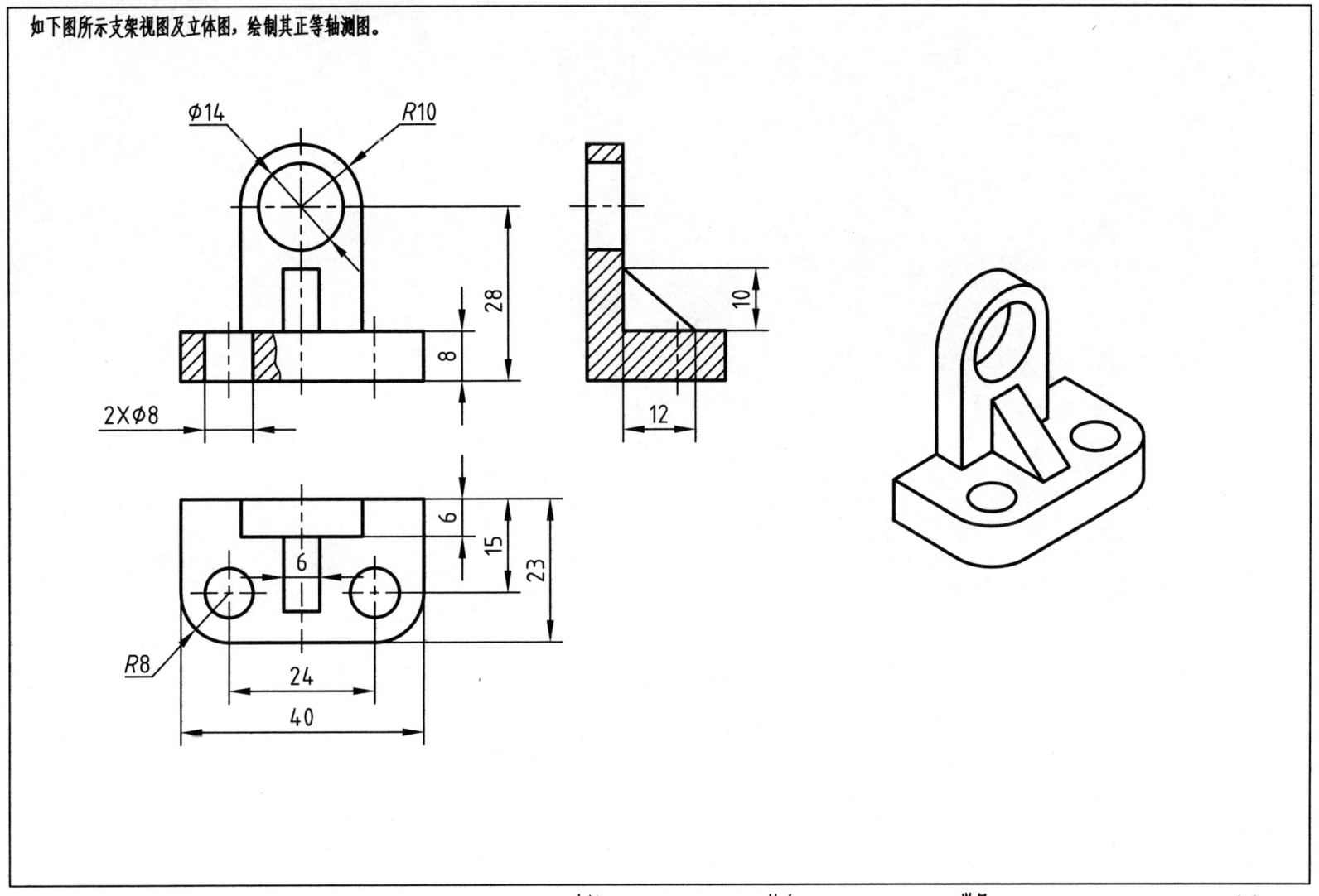

如上页所示支架视图及立体图，绘制其正等轴测图。

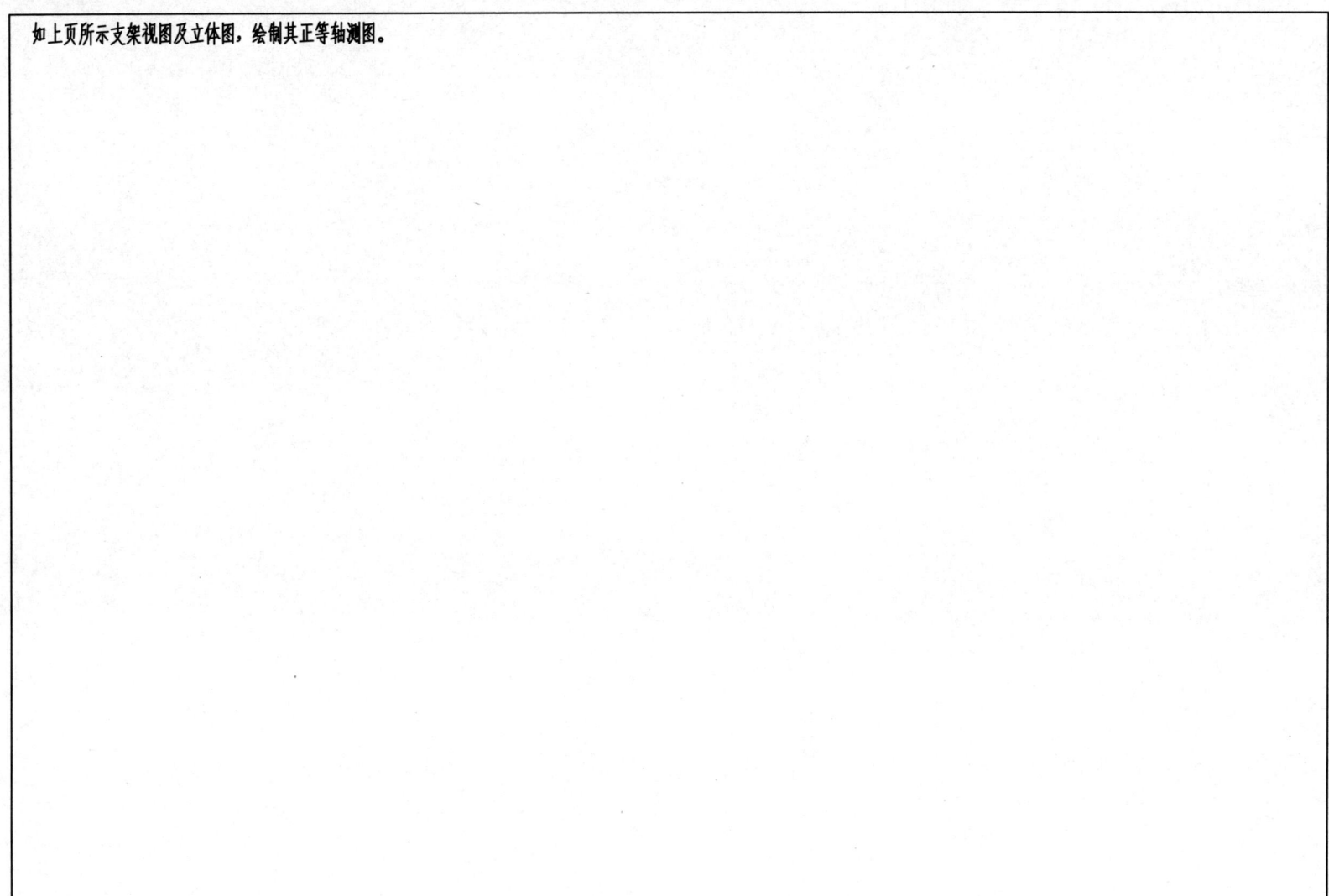

任务3-2 绘制压紧杆零件视图

如下图所示，选择合理的表达方案，绘制压紧杆零件视图。

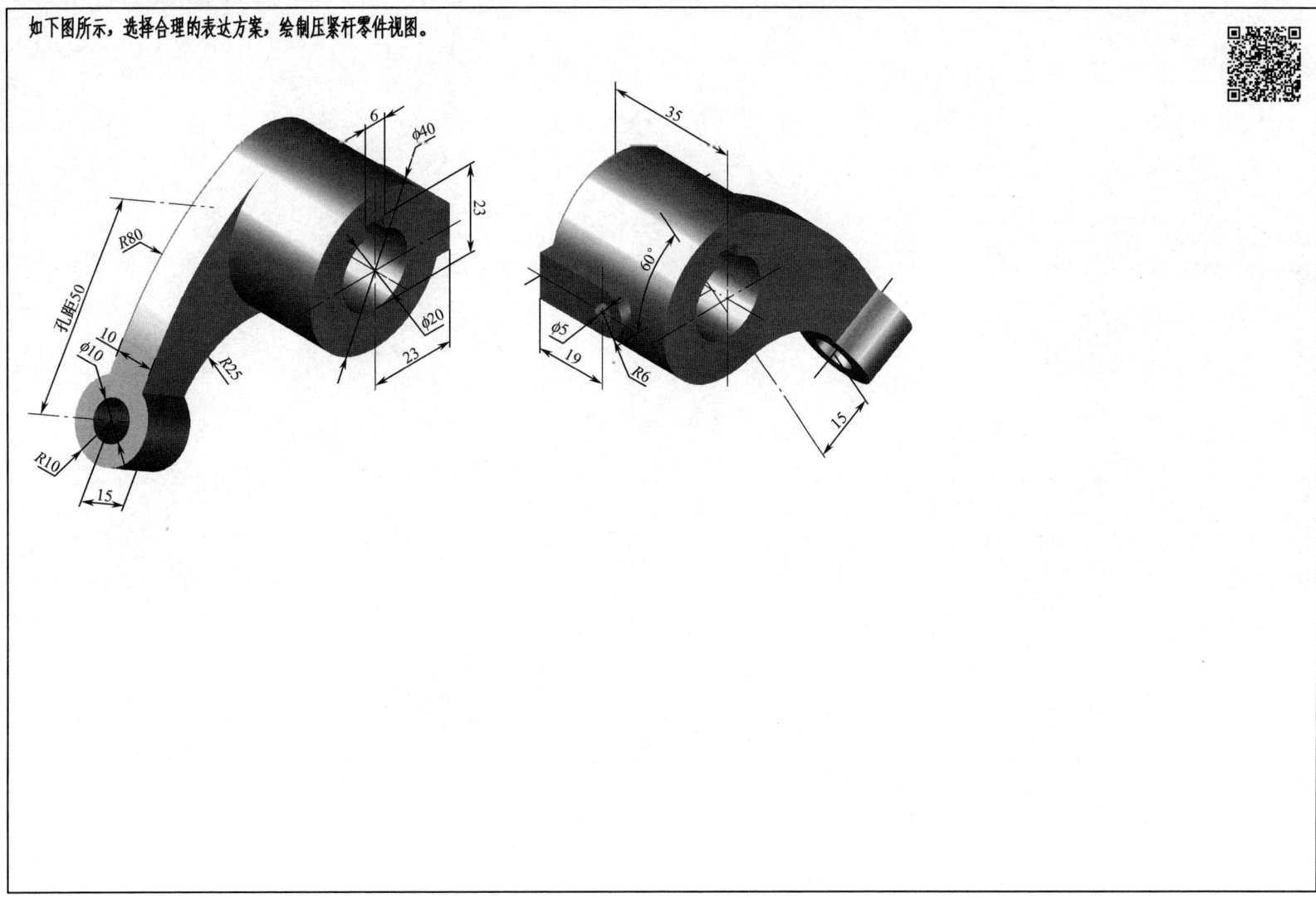

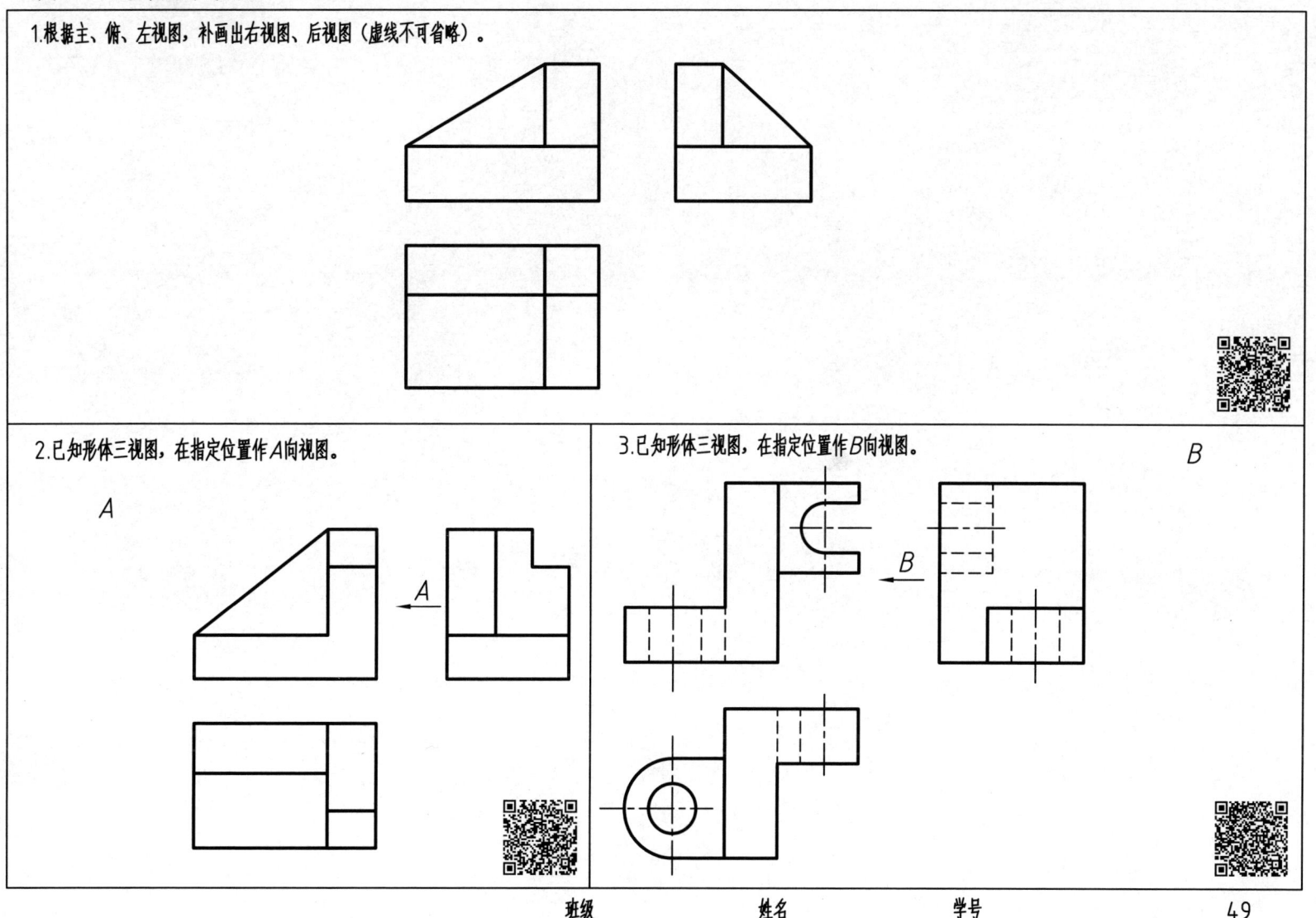

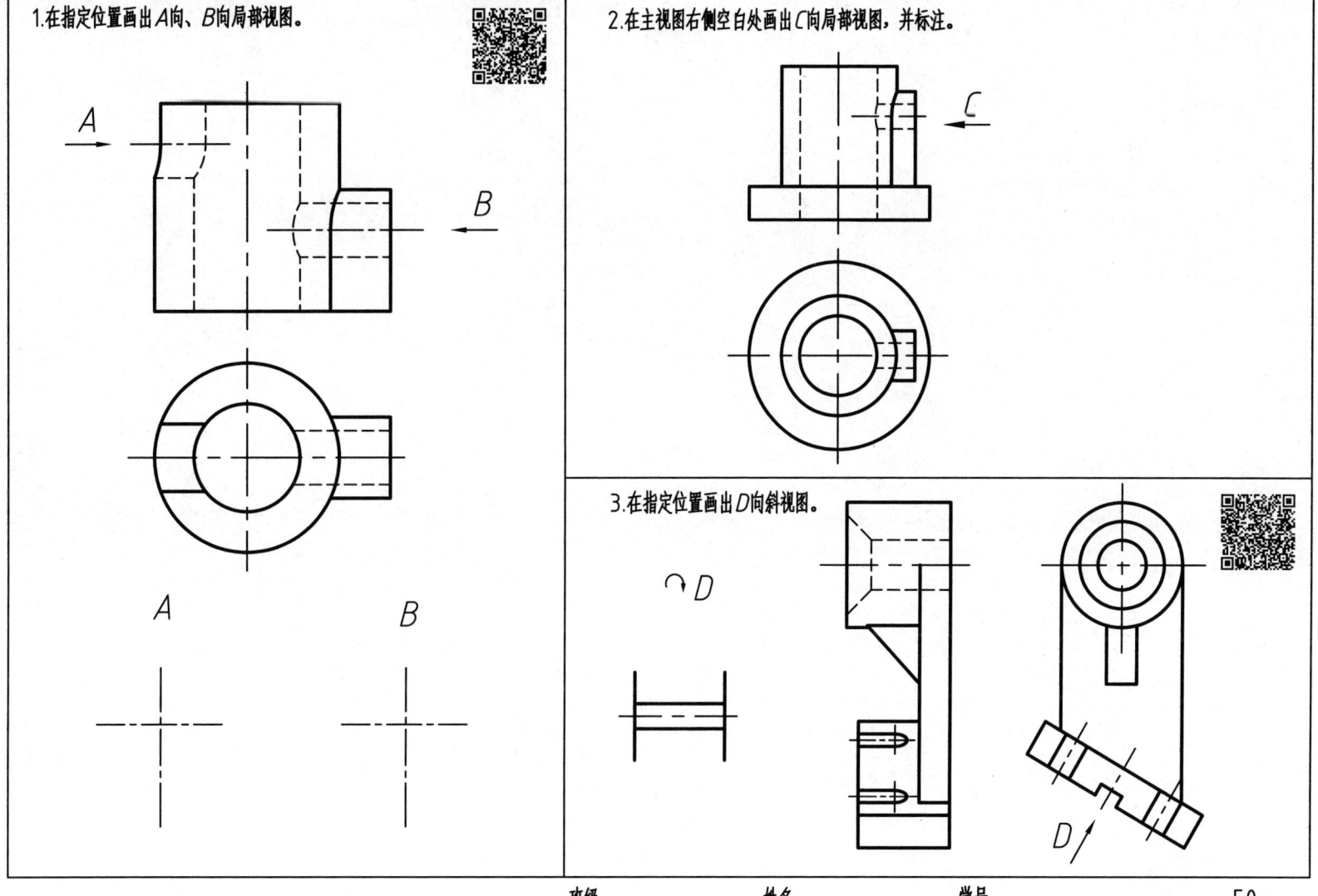

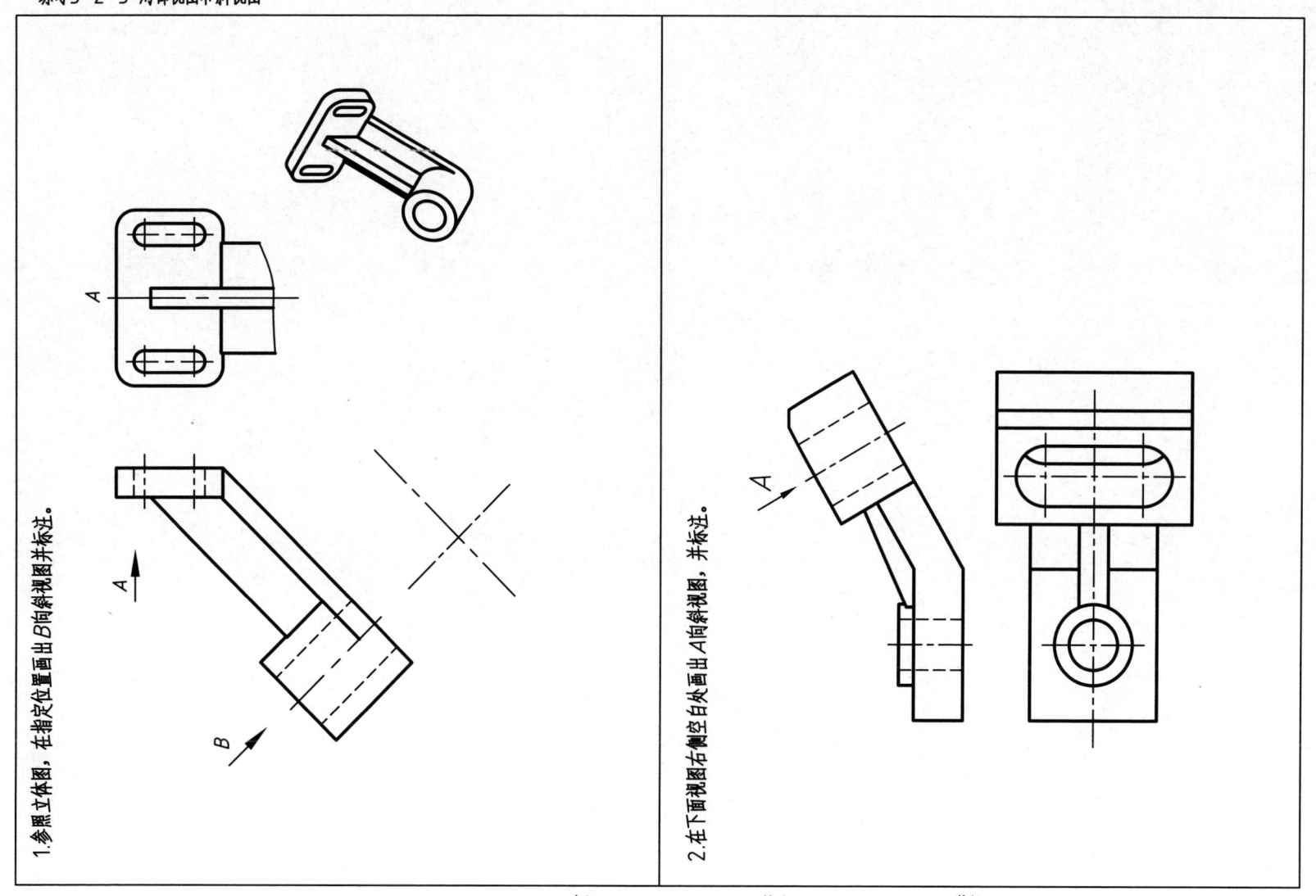

任务3-3 绘制短轴零件视图

如下图所示短轴，选择合理的表达方案，绘制其零件视图。

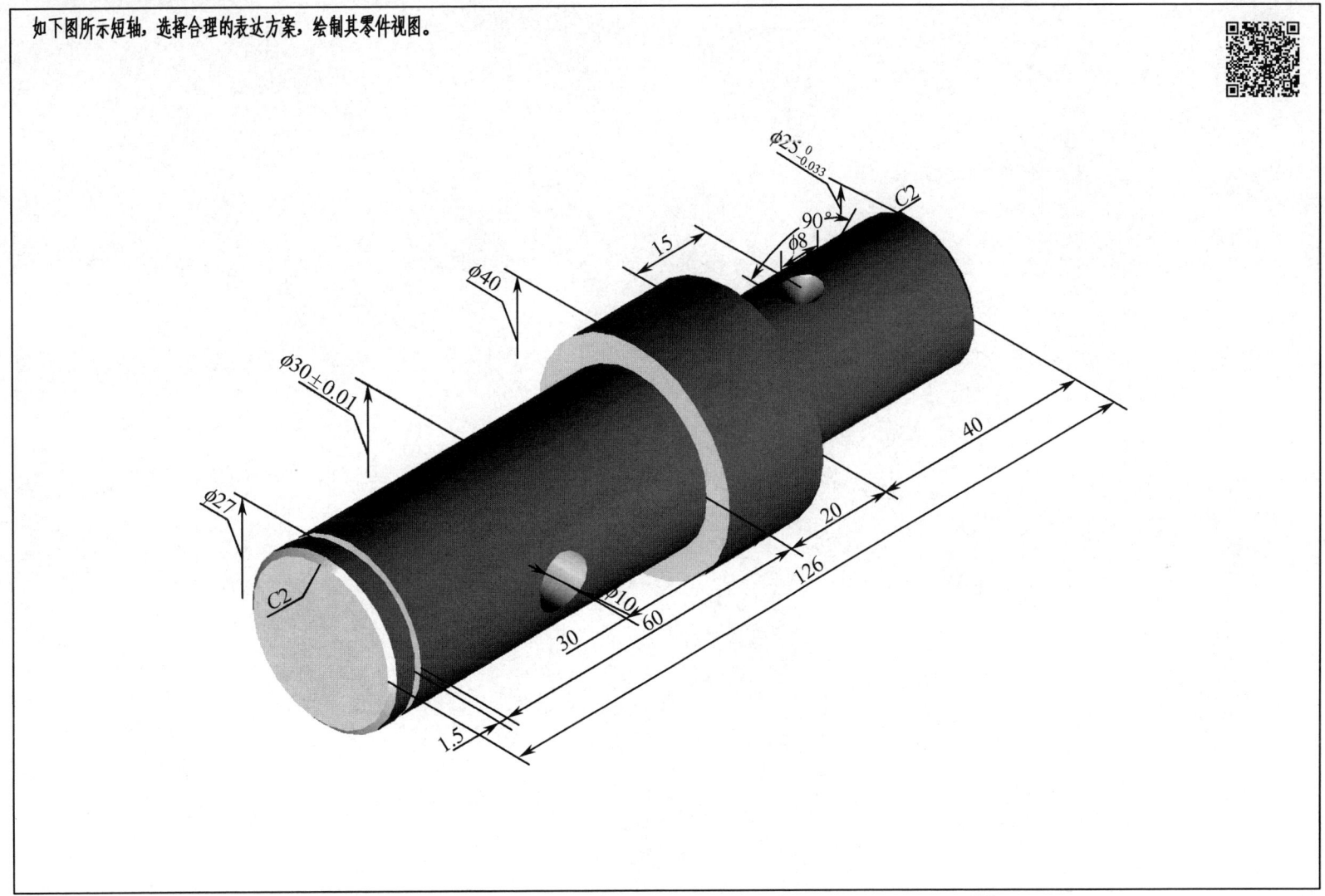

| 班级 | 姓名 | 学号 |

练习3-3-1 在指定位置将主视图改画成全剖视图

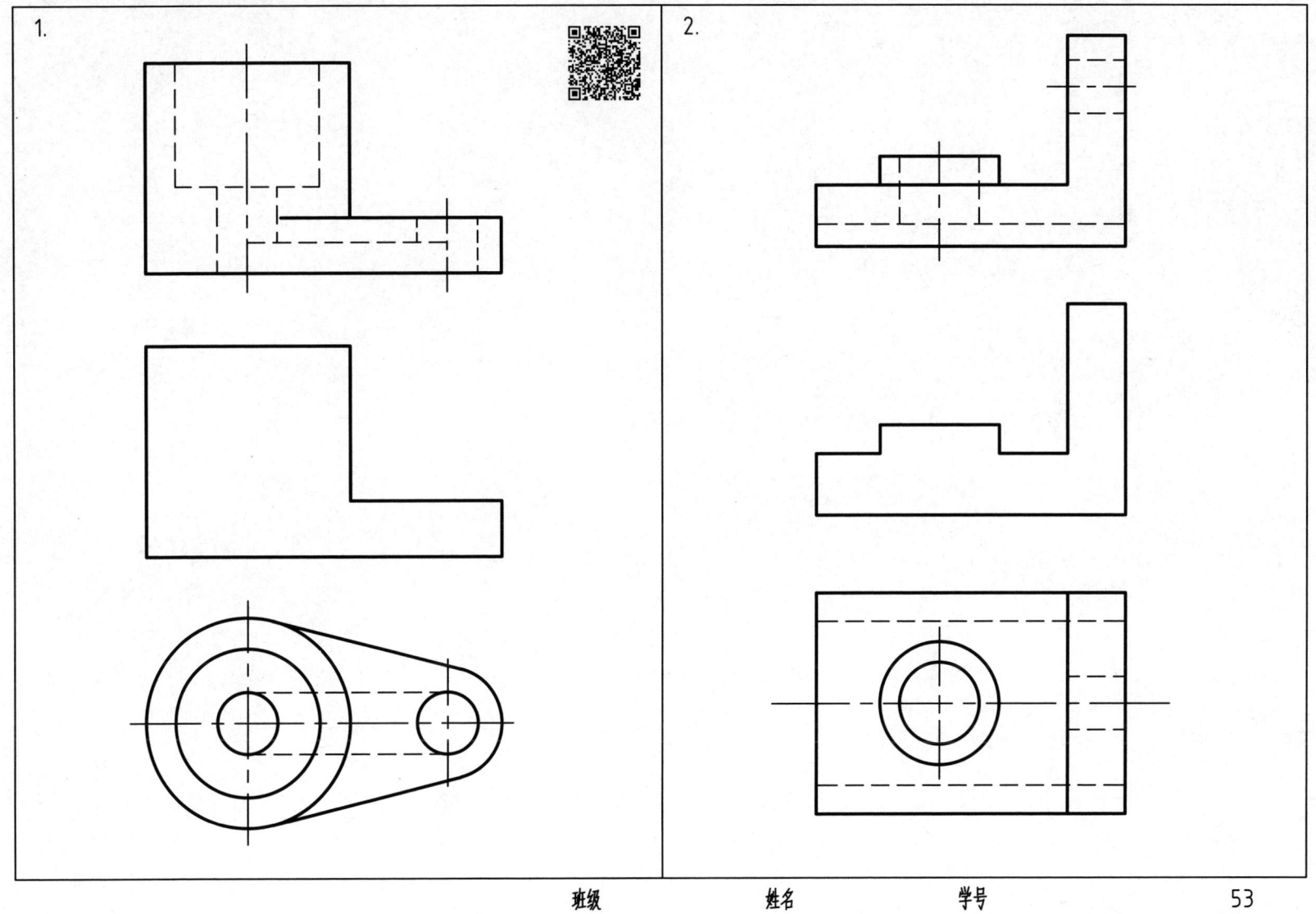

练习3-3-2 在指定位置将主视图改画成全剖视图

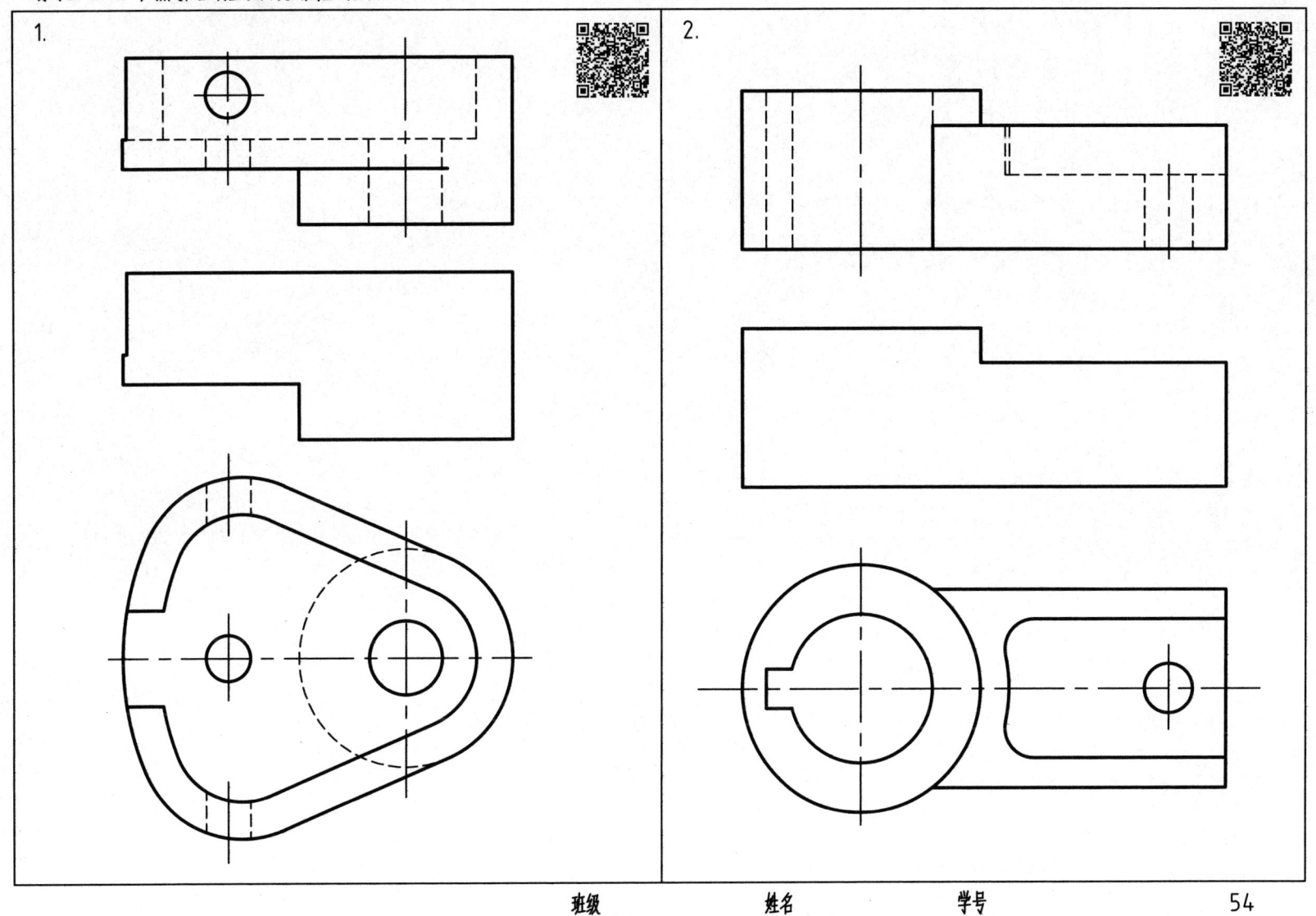

练习3-3-3 在指定位置将主视图改画成半剖视图

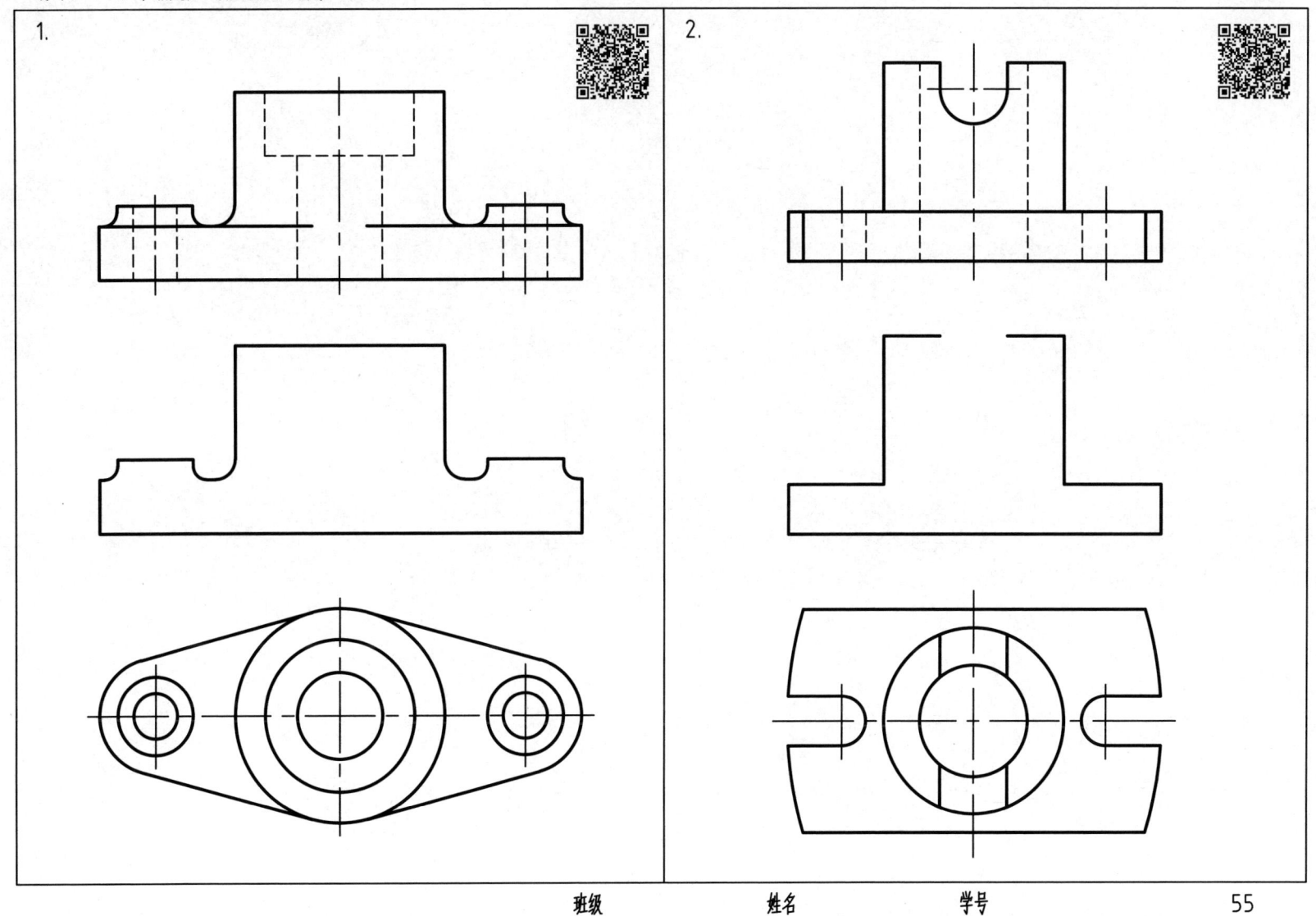

练习3-3-4 在指定位置将主视图改画成半剖视图

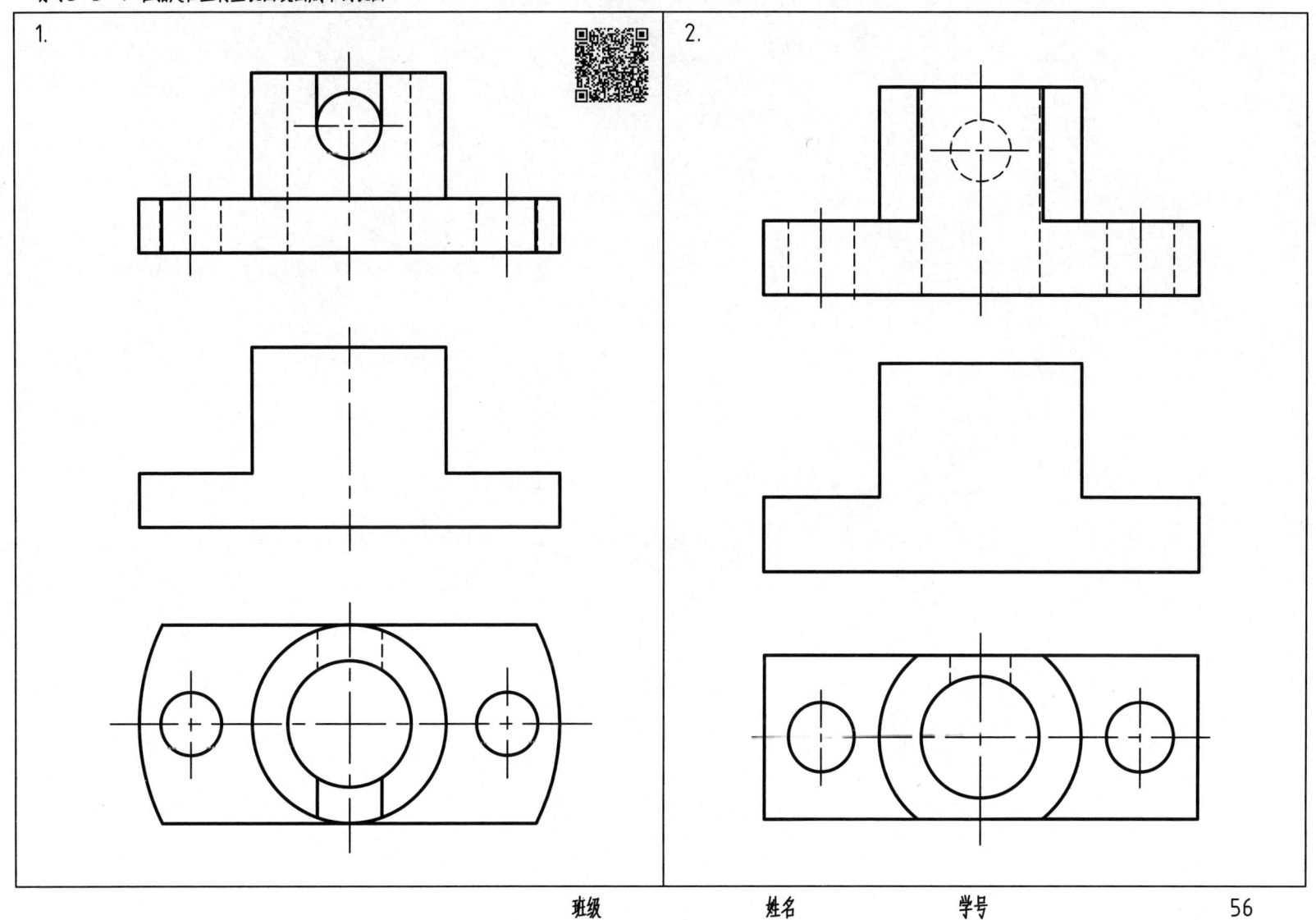

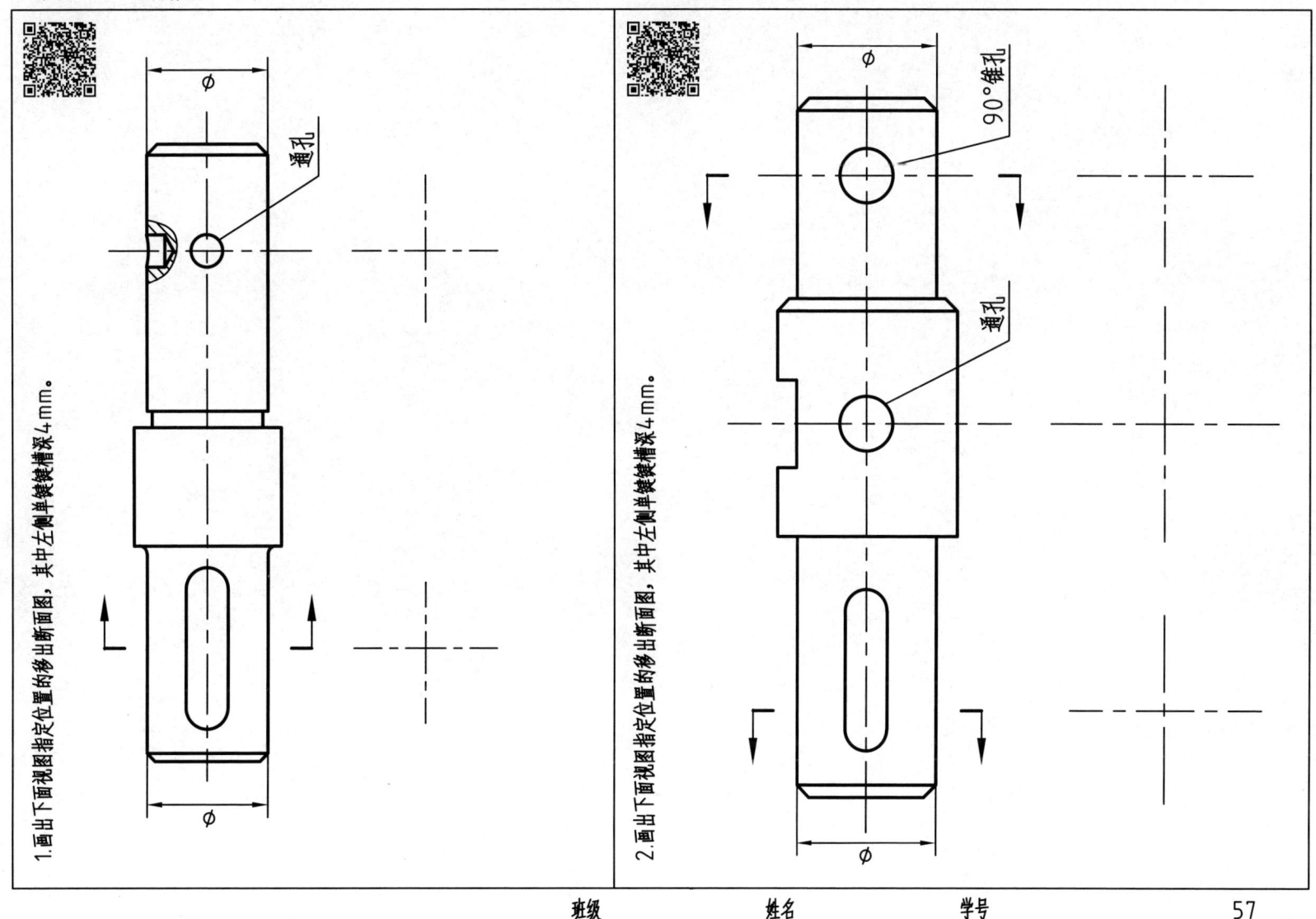

项目4 识读和绘制零件图　任务4-1 识读主轴零件图

识读下面铣刀头刀轴零件图。

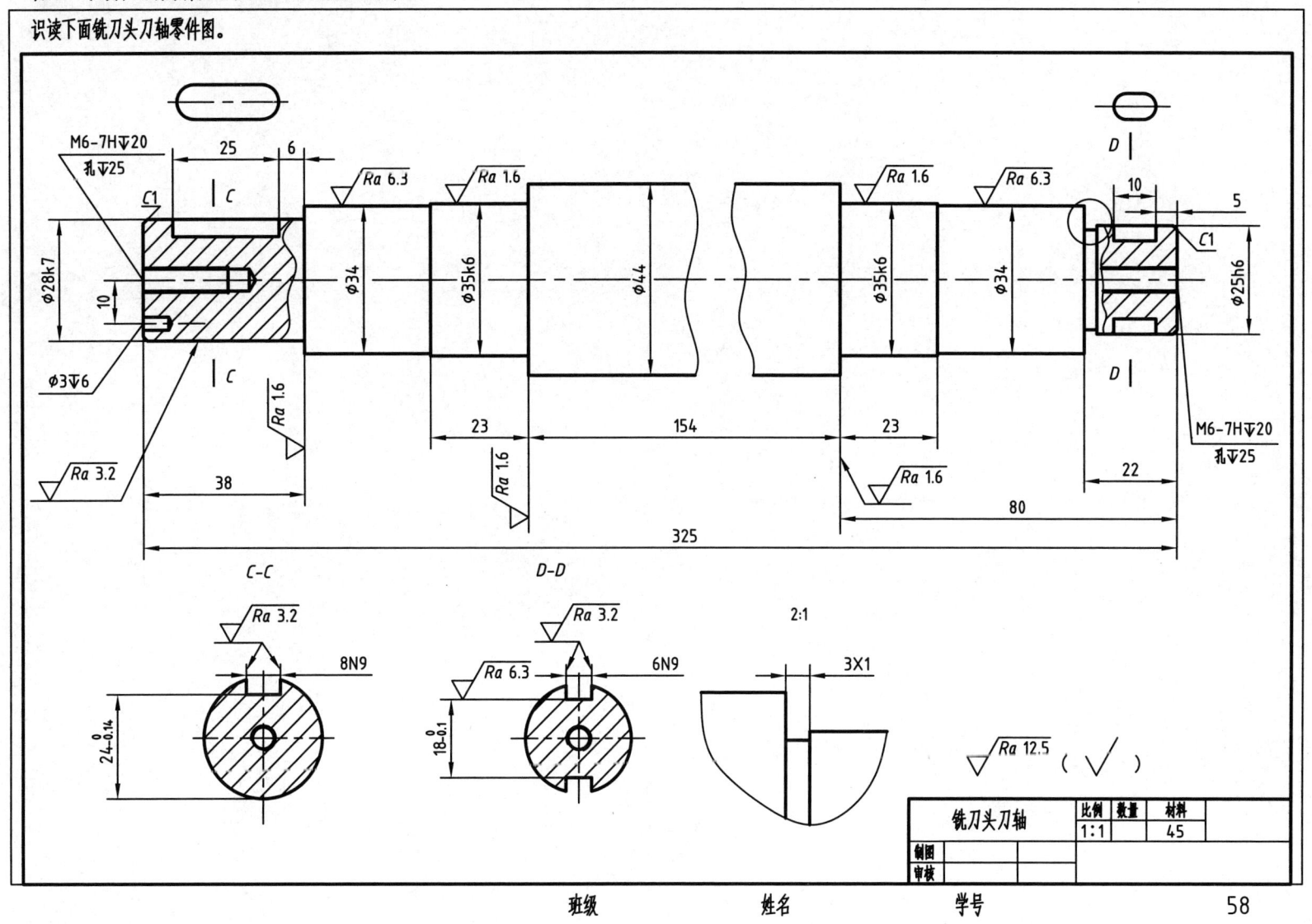

识读上页铣刀头刀轴零件图，完成下列填空。

1. 该零件的名称是_____，材料是_____，比例是_____。

2. 零件的表达方法：主视图有_____和_____，主视图上方两个图是_____；还有两个_____和一个_____。

3. 零件径向主要尺寸基准是_____，轴向尺寸基准是_____。

4. 零件左侧键槽8N9，其长度是_____，宽度是_____，深度是_____，定位尺寸是_____。

5. 尺寸C1表示_____结构，C表示_____，1表示_____，该结构在零件中的作用是_____和_____。

6. 尺寸3×1表示_____结构，其中3是_____，1是_____。

7. 尺寸φ3↧6表示_____，其定位尺寸是_____。

8. φ28K7轴段圆柱表面的表面结构代号是_____，其左端面表面结构代号是_____。

班级　　　　姓名　　　　学号

59

练习4-1-1 读下面零件图并回答问题（1）

读下面零件图并回答问题。

	轴	比例	数量	材料	
		1:1		45	
制图					
审核					

练习4-1-1 读下面零件图并回答问题（2）

读上页零件图并回答问题。

1. 该零件名称是_____，比例是_____，材料是_____。

2. 该零件共用了_____个图形表达，其中主视图有一处作了_____剖视，表达了轴上的_____结构；A-A和B-B图形的名称分别是_____、_____。

3. 该轴由4个圆柱(螺柱)段组成，其直径分别是（从左往右）_____、_____、_____、_____。

4. 在轴的中间有一个键槽，其长度是_____，宽度是_____，深度是_____，定位尺寸是_____。

5. 轴上通孔的定形尺寸是_____，其定位尺寸是_____。

6. 图中有_____处退刀槽结构，其宽度均为_____，深度均为_____。

7. 图中有_____处倒角，其尺寸是_____，其中C的含义是_____，倒角的作用是_____和_____。

练习4-1-2 读下面零件图并回答问题（1）

读下面零件图并回答问题。

技术要求
未注倒角C1。

交换齿轮轴
比例 1:1
材料 45

练习4-1-2 读下面零件图并回答问题（2）

读上页零件图并回答问题。

1. 该零件名称是_____，材料是_____，比例是_____，共用了5个图形来表达，其中主视图中作了_____处_____剖视，
   另4个图形的名称分别是2个局部视图和2个_____。

2. 交换齿轮轴由4个圆柱段组成，最大的直径是_____，最小的直径是_____。

3. 在轴的右端有一个键槽，其长度是_____，宽度是_____，深度是_____，定位尺寸是_____。

4. 在轴的左端有一个键槽，其长度是_____，宽度是_____，深度是_____，定位尺寸是_____，键槽两侧的表面结构代号是_____，
   底面的表面结构代号是_____。

5. 未注倒角C1属于_____结构，其中C表示_____，倒角的作用是_____和_____。

6. 图中框格 ⌀ | 0.01 | A-B 表示_____对_____和_____的公共轴线的_____公差是0.01。

练习4-1-3 表面结构标注

改正图1中表面粗糙度代号的标注错误，在图2中作正确的标注。

图1　　　　　　　　图2

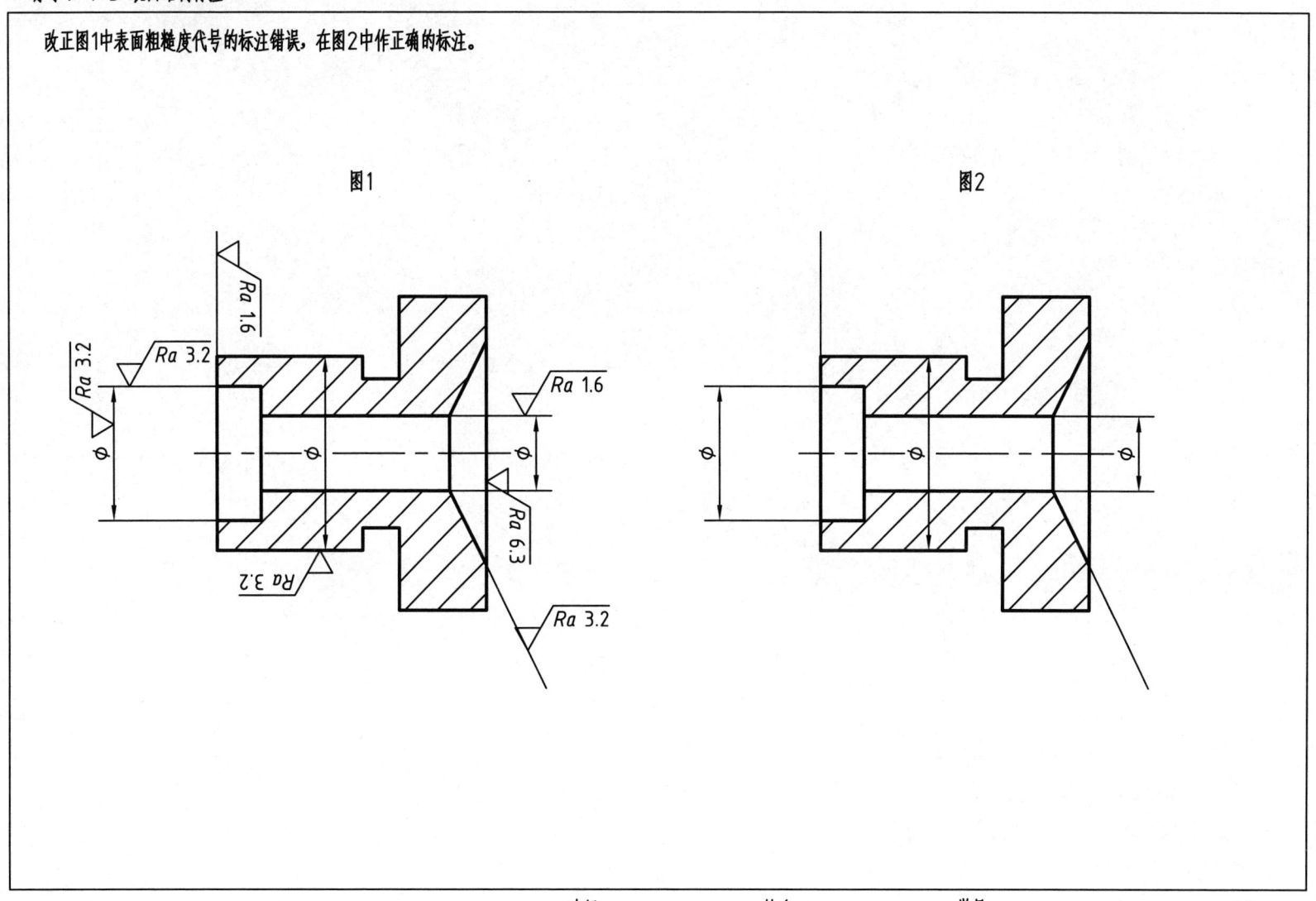

任务4-2 绘制端盖零件图

如下图所示端盖,选择合理的表达方案,绘制其零件图。

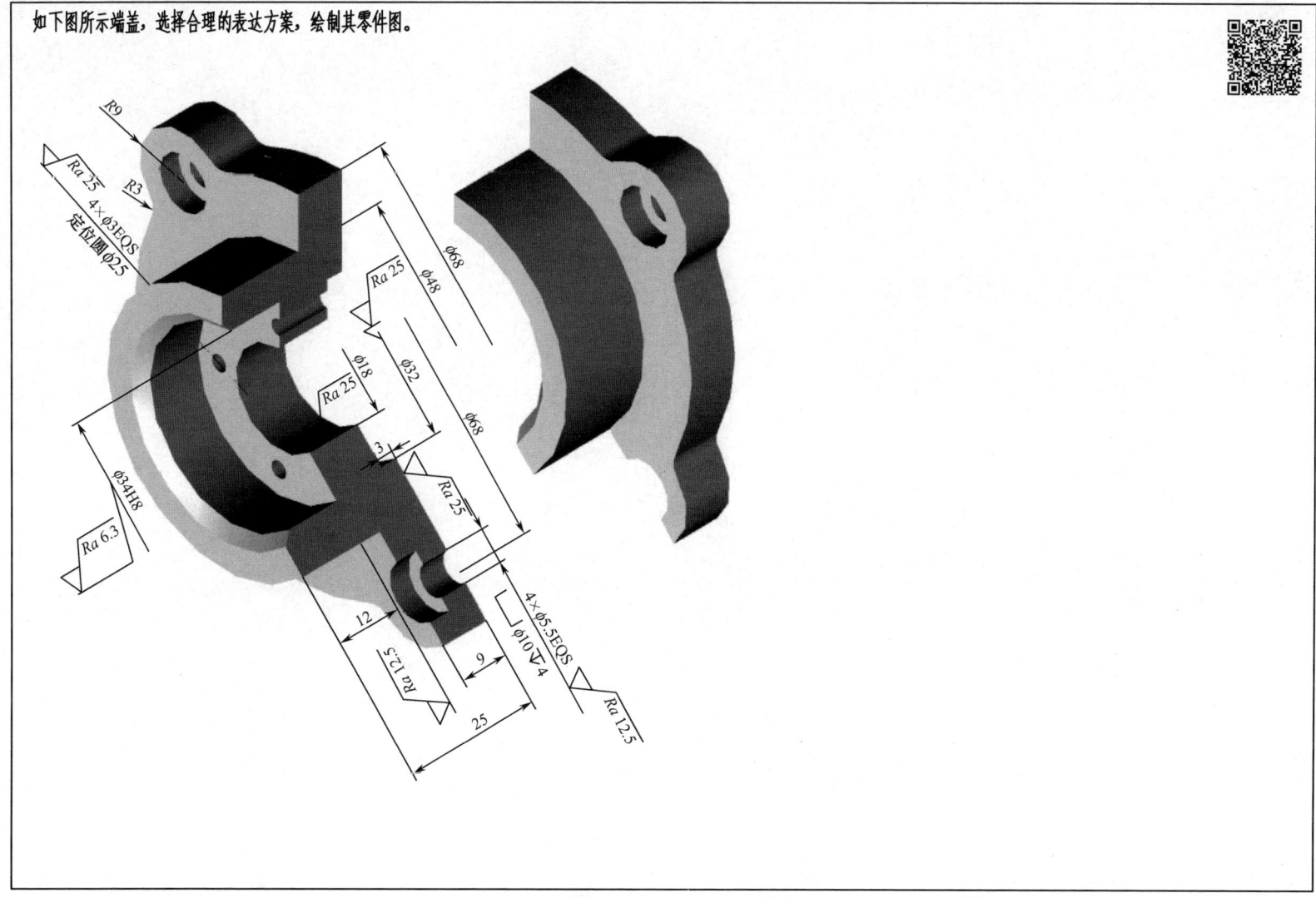

练习4-2-1 在指定位置将主视图改画成全剖视图

1. 几个平行的剖切面 A-A。

2. 几个平行的剖切面 B-B。

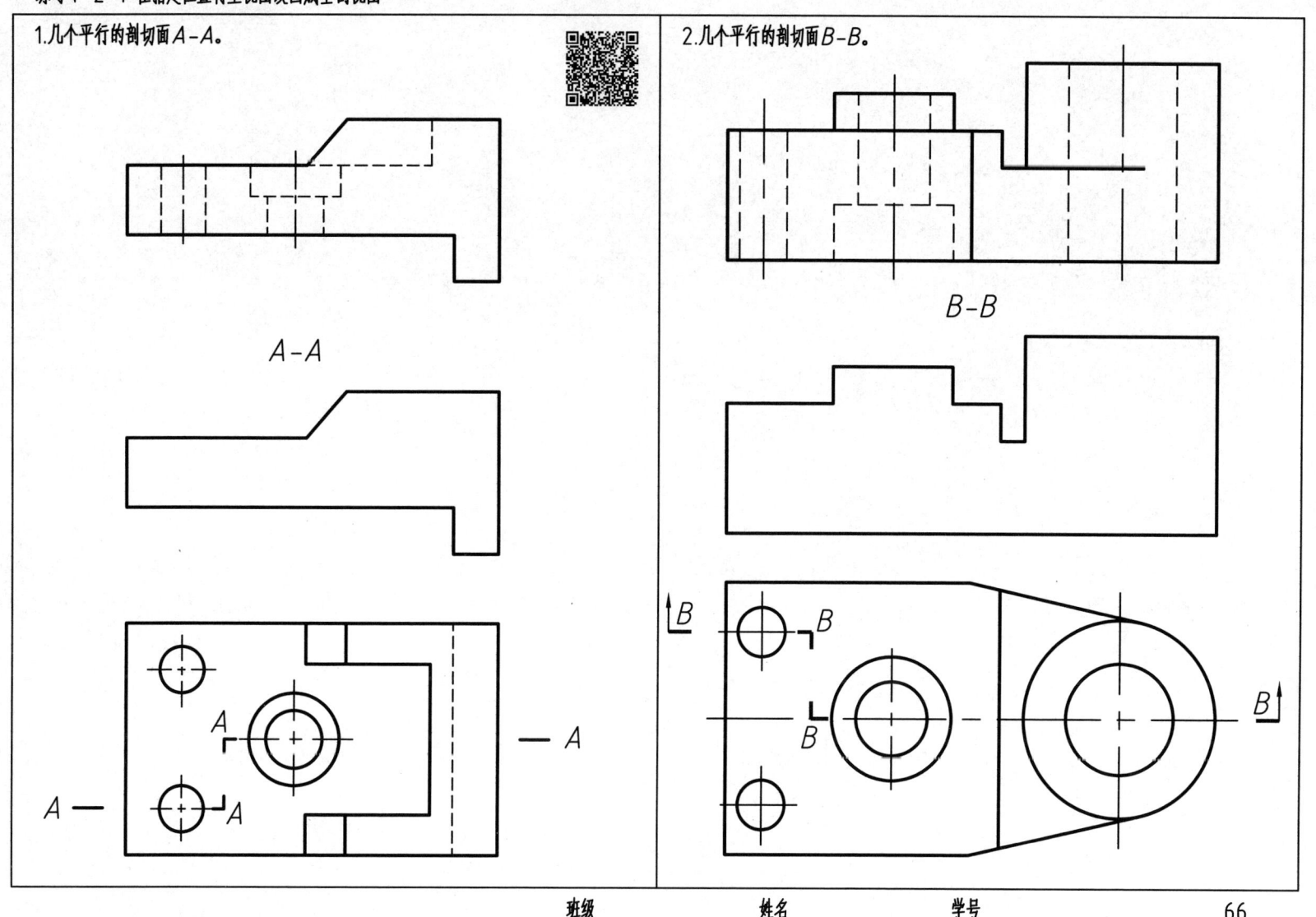

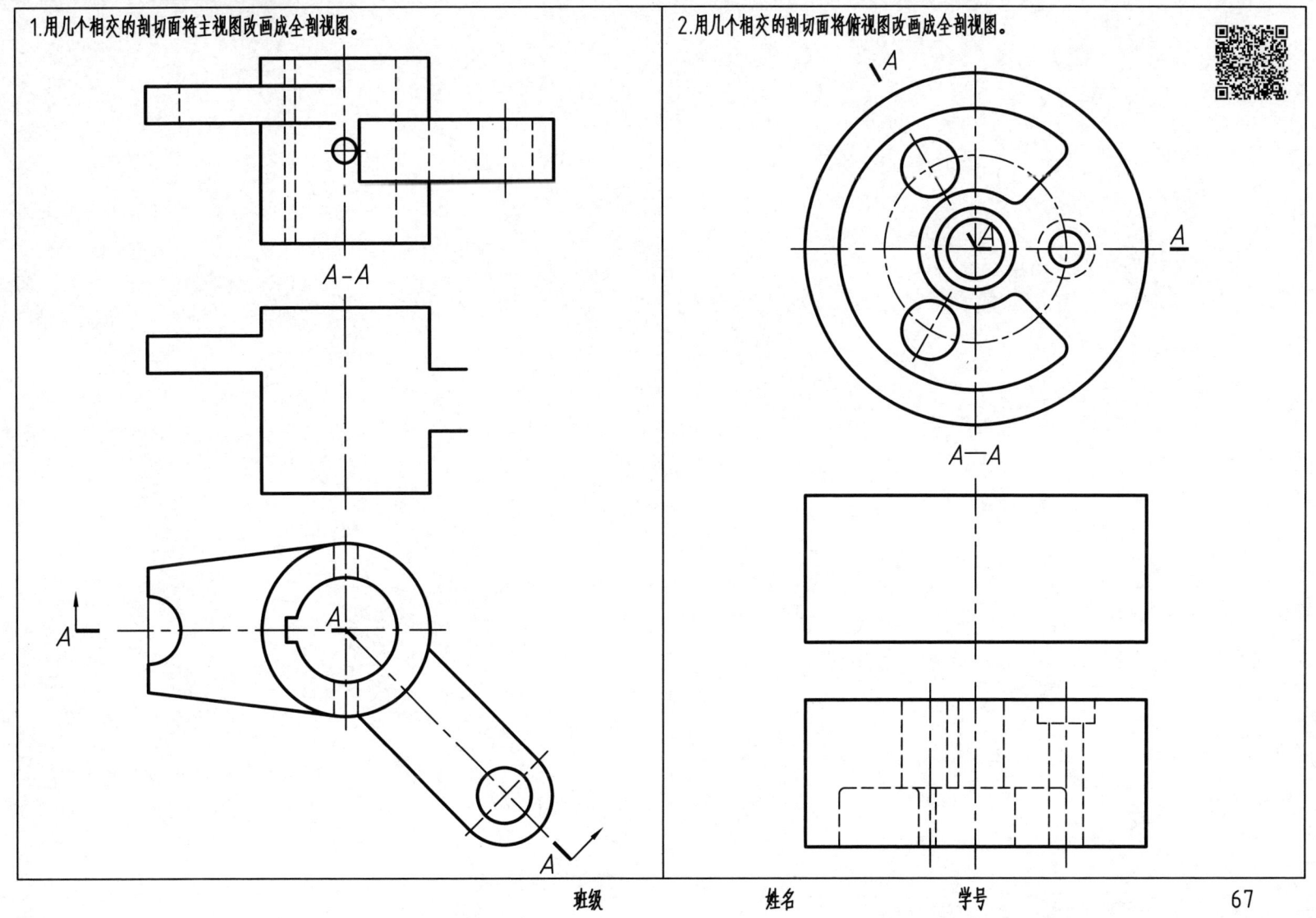

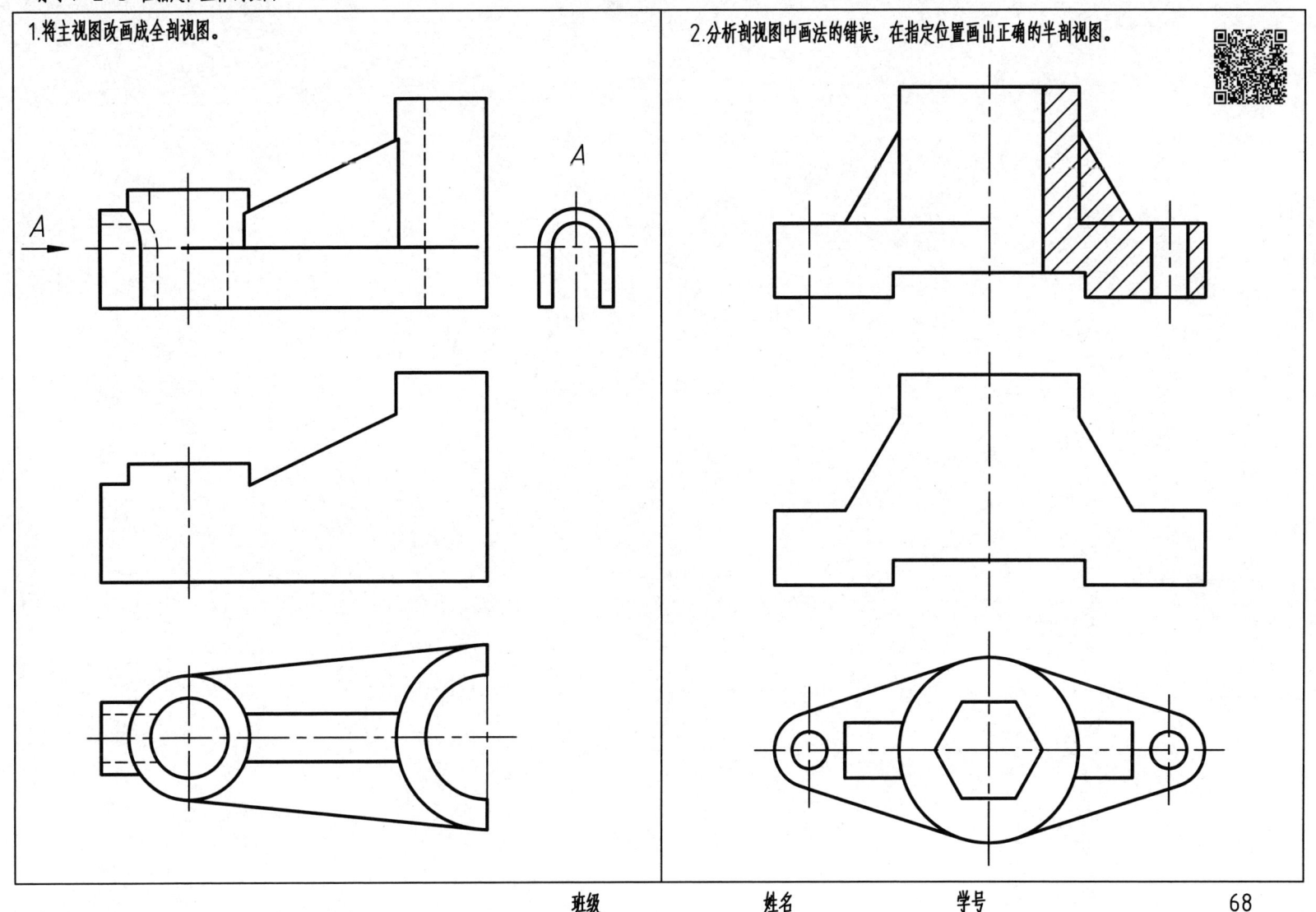

练习4-2-4 补画剖视图中所缺的图线

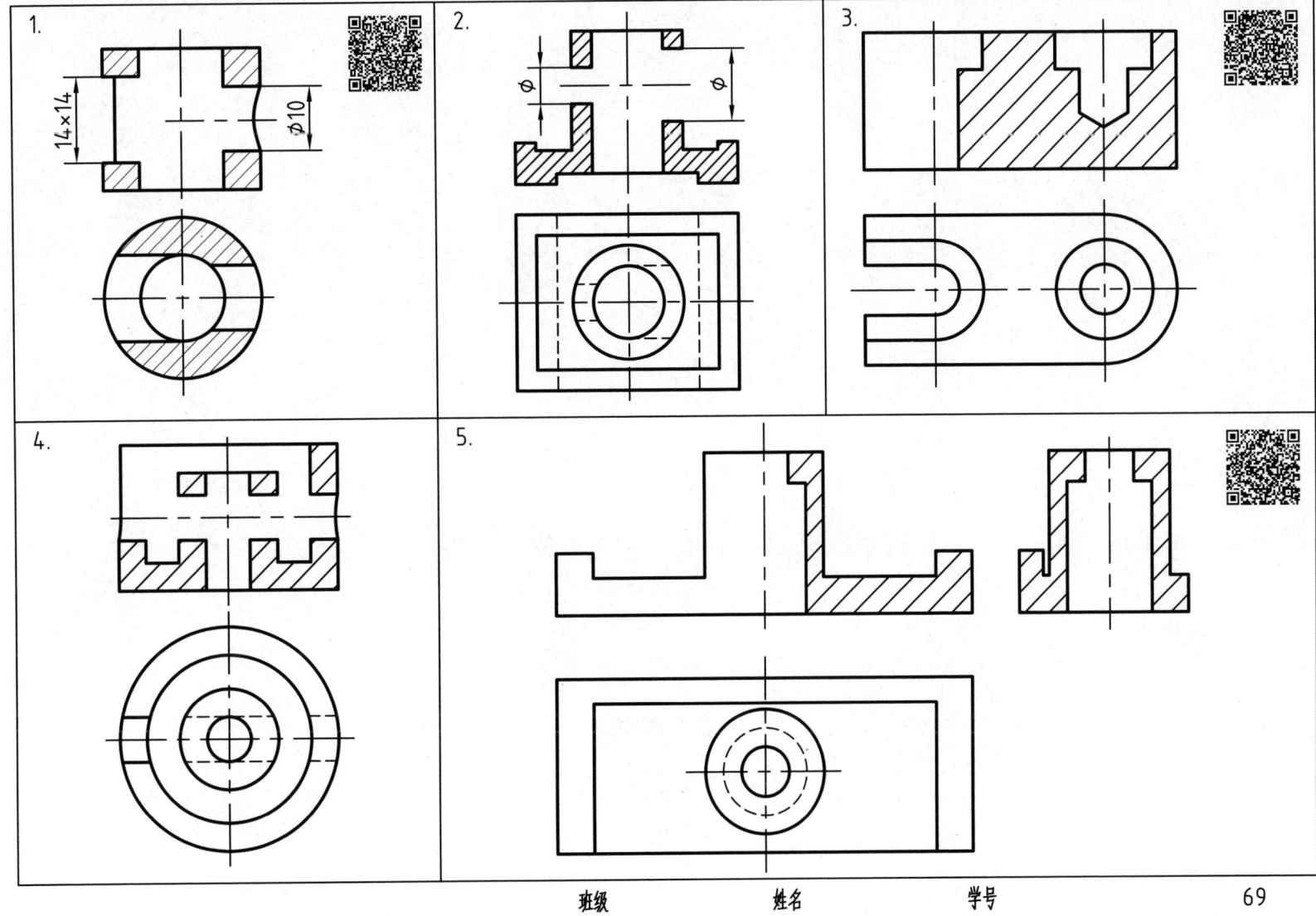

练习4-2-5 根据已知两视图，补画全剖的左视图

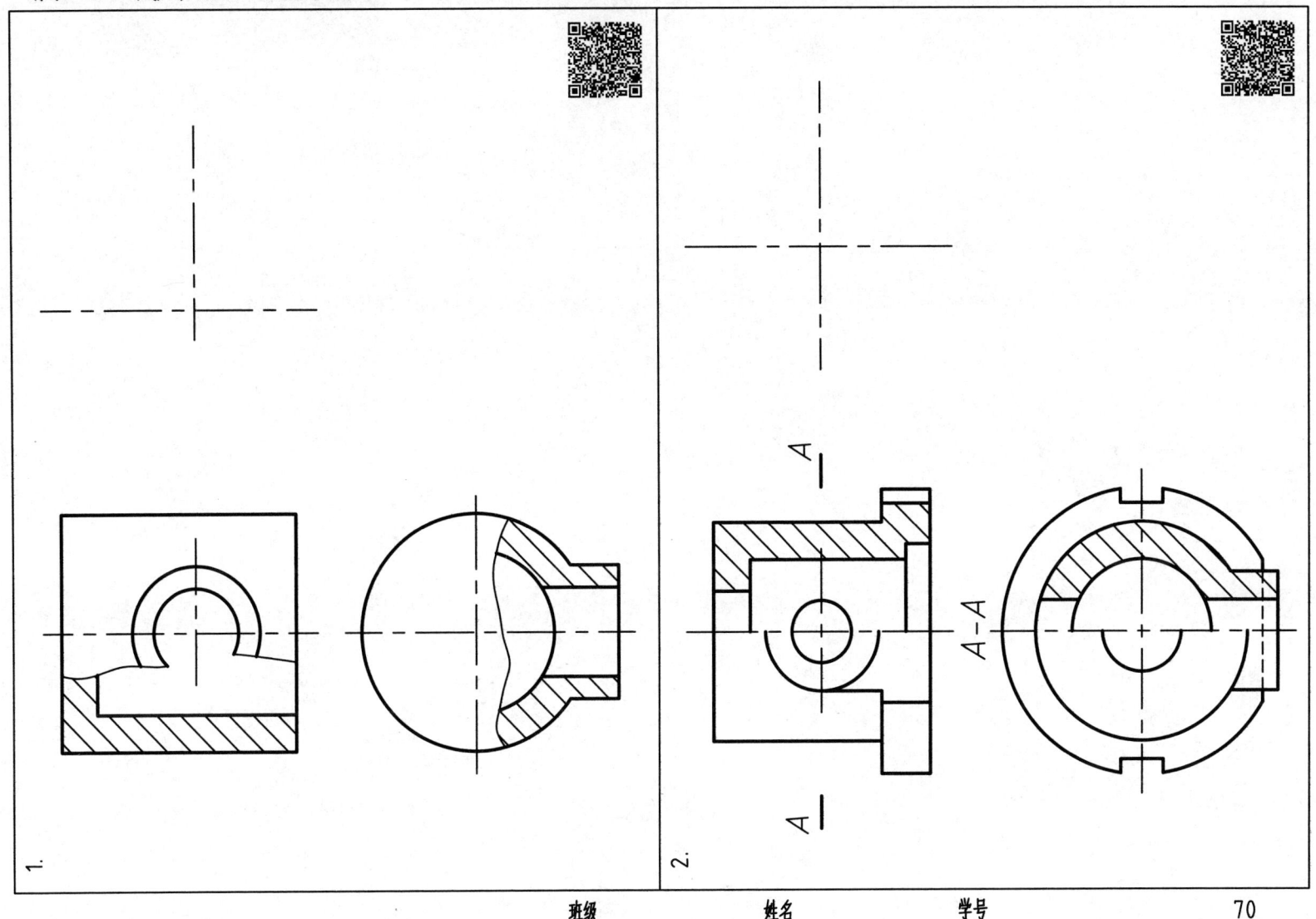

练习 4-2-6 根据已知两视图，补画全剖的左视图

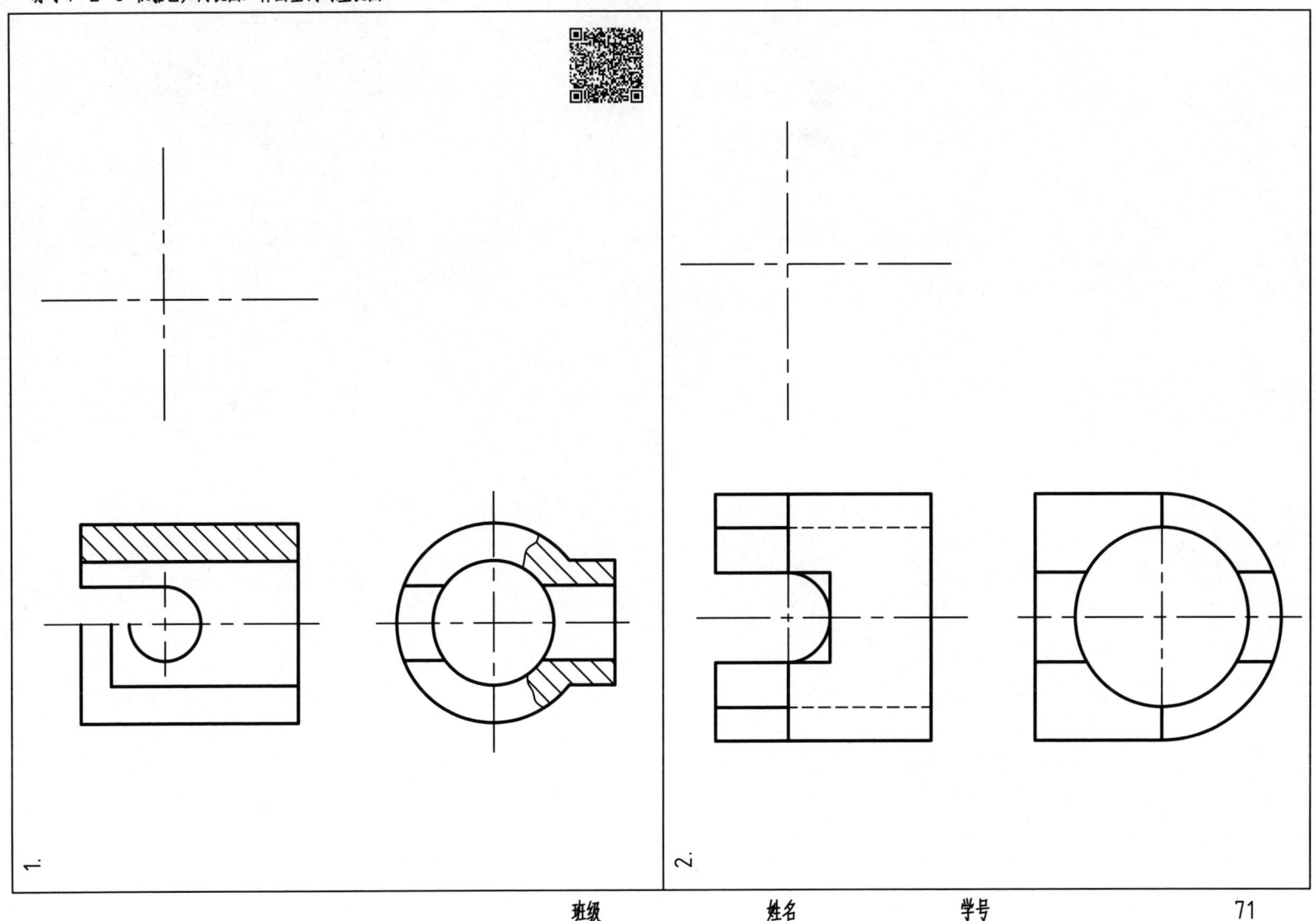

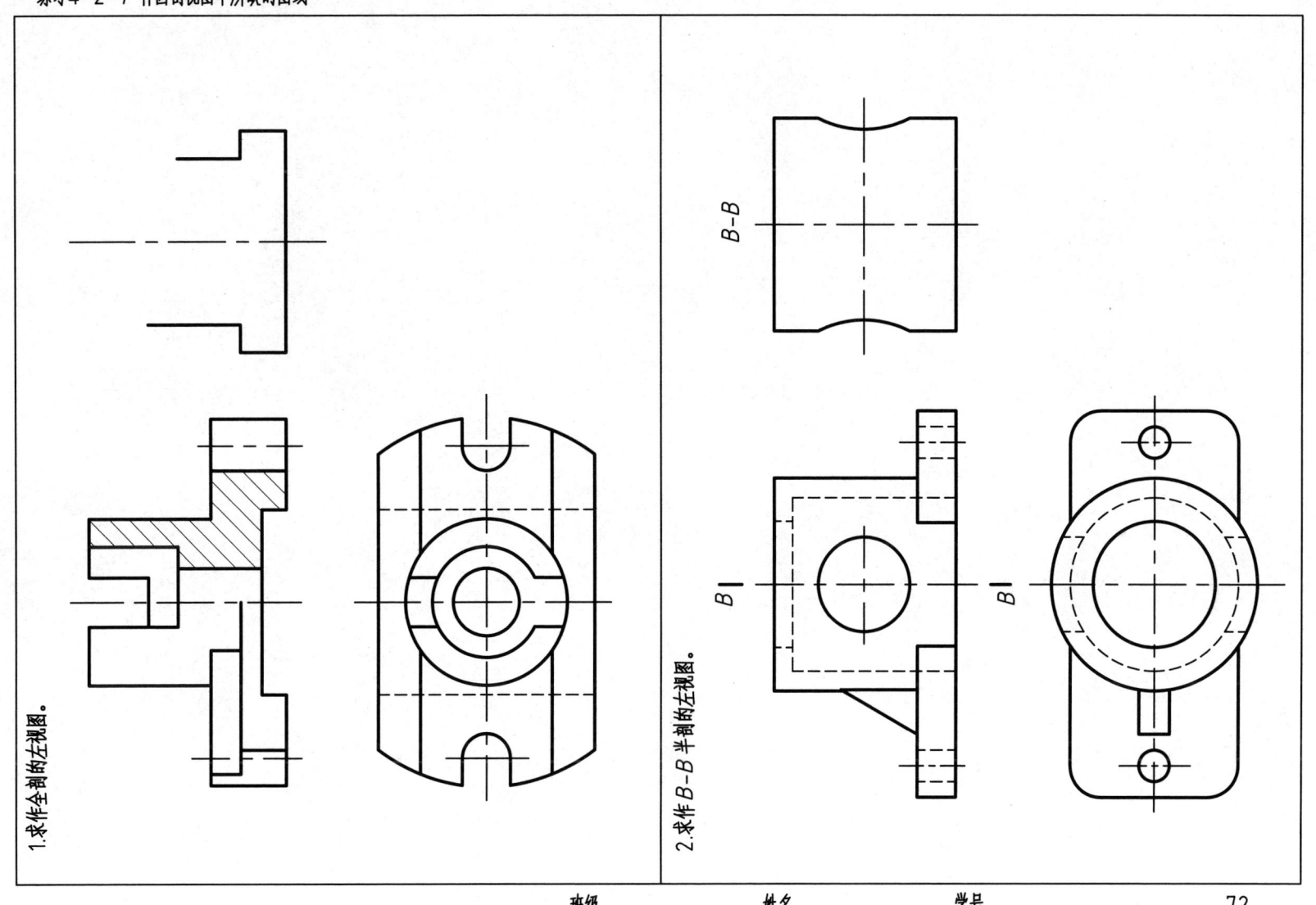

任务4-3 绘制轴承座零件图

如下图所示,选择合理的表达方案,绘制其零件图。

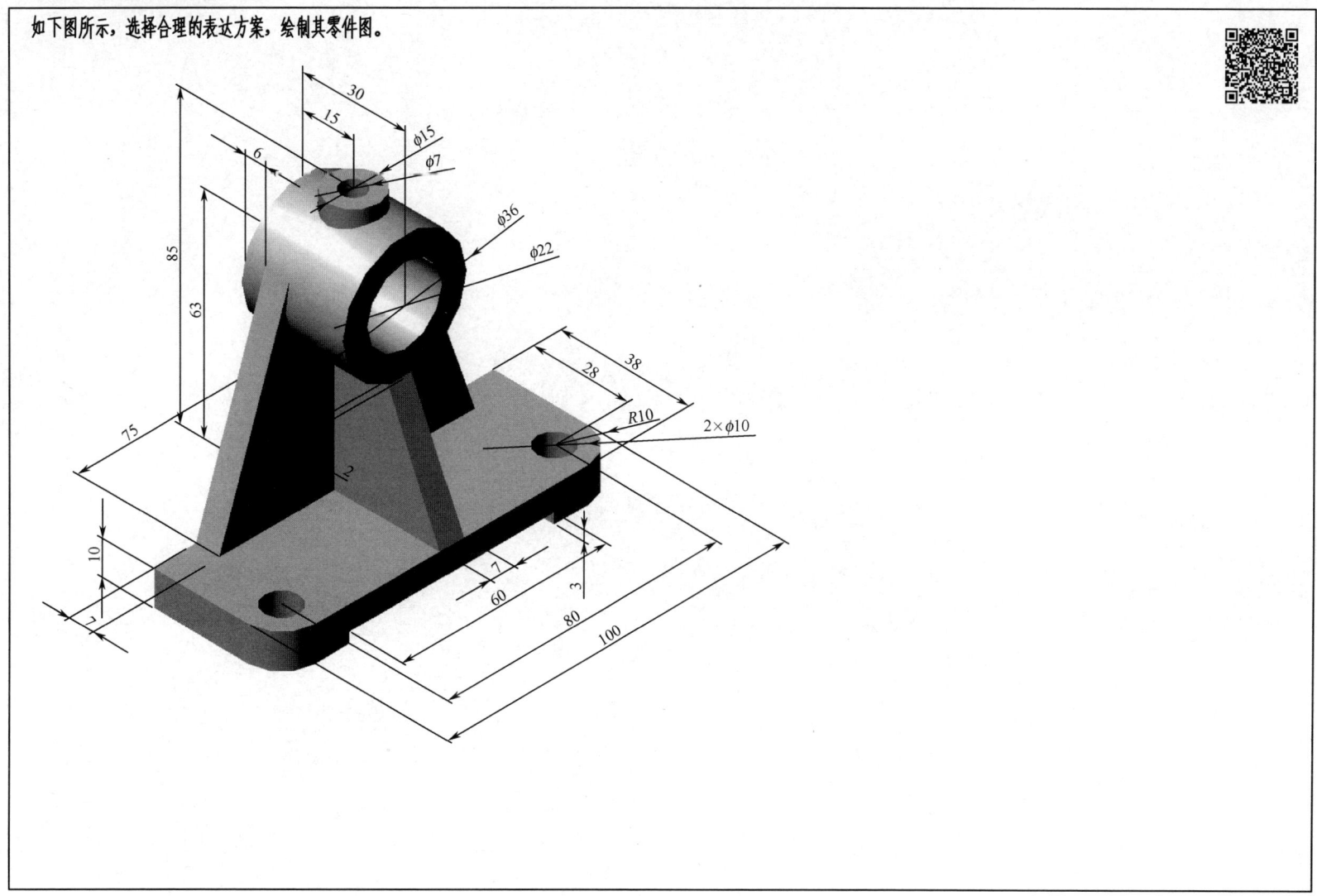

班级　　　姓名　　　学号　　　73

练习4-3-1 读下面零件图并回答问题（1）

读下面零件图并回答问题。

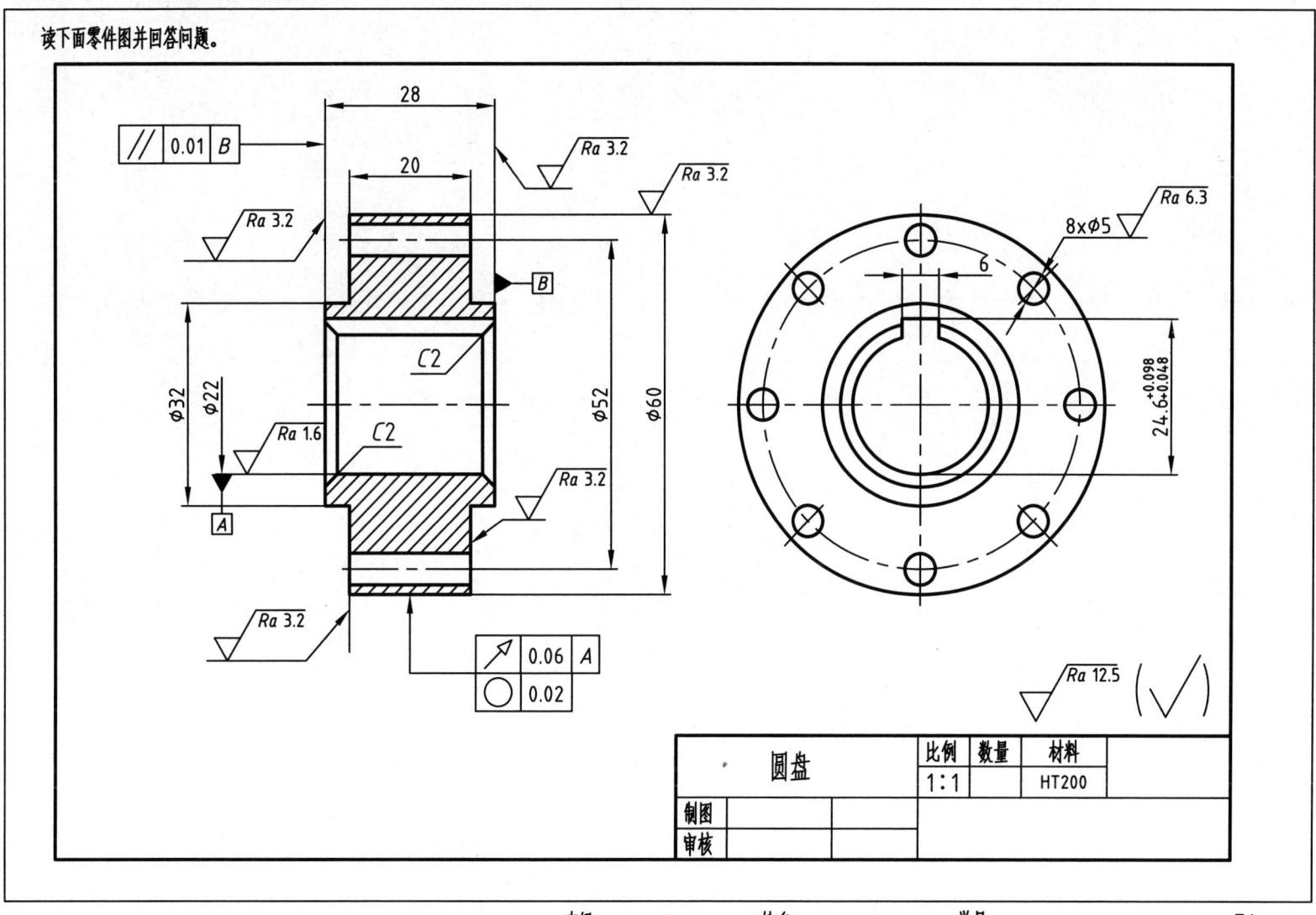

练习4-3-1 读下面零件图并回答问题（2）

读上页零件图并回答问题。

1. 该零件的名称是_____，材料是_____，绘图比例是_____，属于_____比例。

2. 该零件共用了_____个视图表达，其中_____图是作了_____剖切得到的_____剖视图。

3. 零件长度方向的主要尺寸基准是_____端面，其径向尺寸基准为_____。

4. ⌀60圆柱面上有_____个通孔，其定形尺寸是_____，定位尺寸是_____。

5. 几何公差 ⌀ 0.06 A 的含义：_____对_____的_____公差是_____。

6. 表面结构要求最高的表面是_____，其 Ra 值是_____μm。

7. 几何公差 ∥ 0.01 B 的含义：_____对_____的_____公差是_____。

8. 尺寸C2标注的结构称为_____，其中C表示_____，2表示_____。

班级　　　姓名　　　学号　　　75

练习4-3-2 读下面零件图并回答问题（1）

读下面零件图并回答问题。

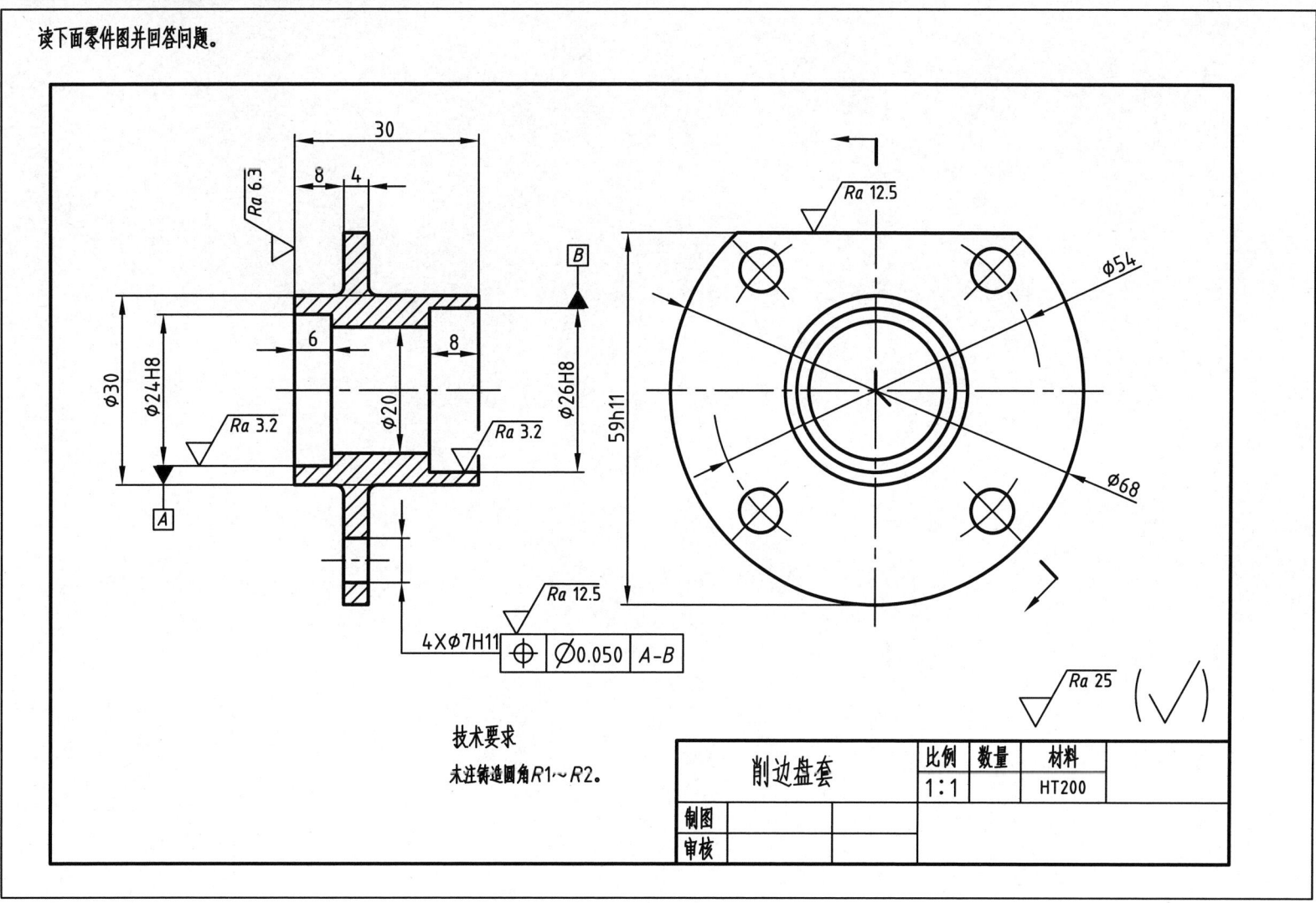

练习4-3-2 读下面零件图并回答问题（2）

读上页零件图并回答问题。

1. 该零件的名称是_____，材料是_____，绘图比例是_____，属于_____比例。

2. 该零件共用了_____个视图表达，其中_____图是作了_____剖切得到的_____剖视图。

3. 零件长度方向的主要尺寸基准是_____端面，其径向尺寸基准为_____。

4. ⌀68圆柱面上有_____个通孔，其定形尺寸是_____，定位尺寸是_____；除了该4个通孔，左视图上还有4个粗实线圆，直径从小到大依次为_____、_____、_____和⌀68。

5. 表面结构要求最高的表面是_____、_____，其 Ra 值是_____μm。

6. 几何公差 ⌖ ⌀0.050 A-B 的含义：_____对_____和_____的_____公差是_____。

7. ⌀68圆柱面的表面结构代号为_____，⌀68圆柱面上削边平面的表面结构代号为_____。

练习4-3-3 读下面零件图并回答问题（1）

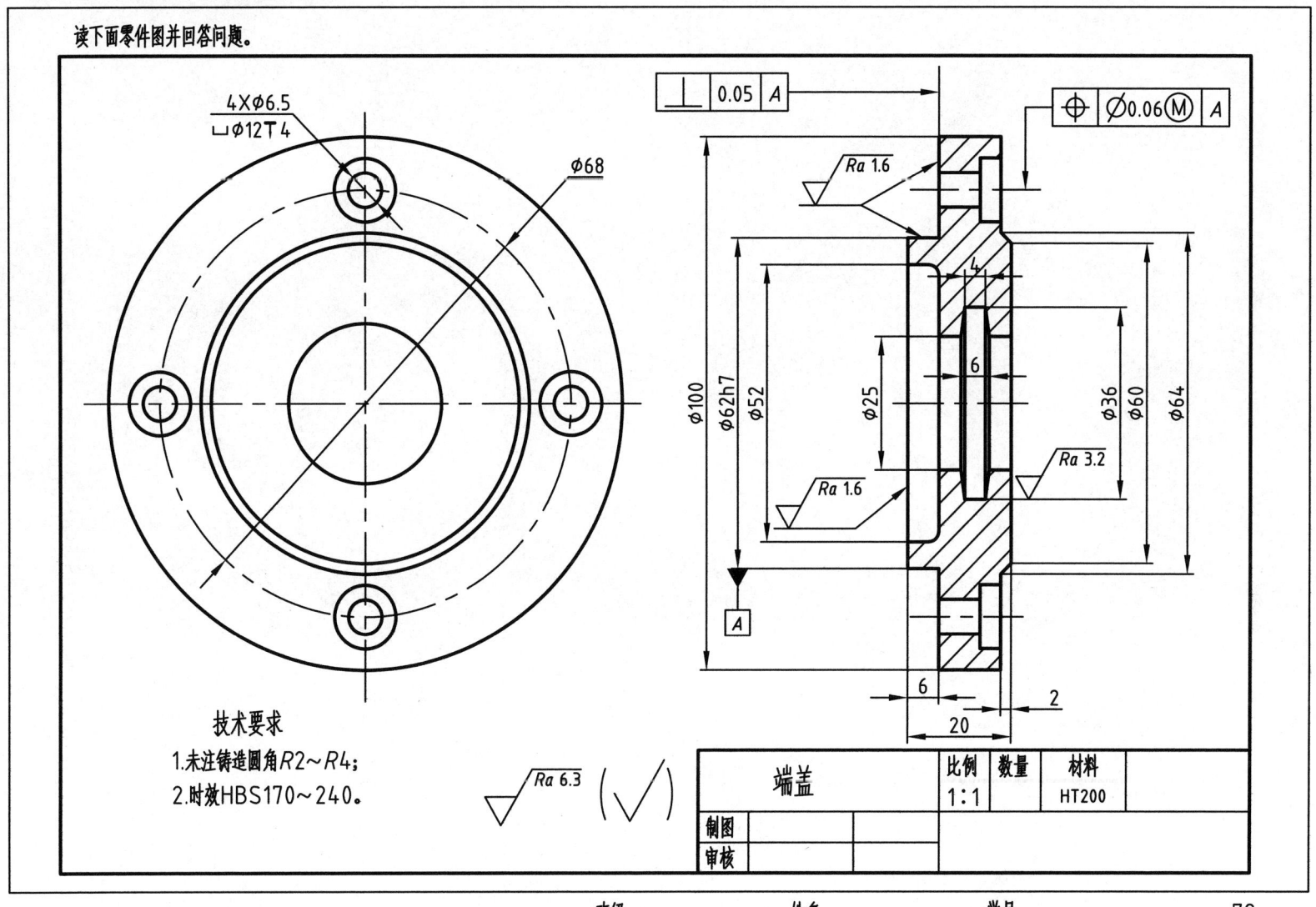

练习4-3-3 读下面零件图并回答问题（2）

读上页零件图并回答问题。

1.该零件的名称是_____，材料是_____，绘图比例是_____，属于_____比例。

2.该零件共用了_____个视图表达，其中_____图是作了_____剖切得到的_____剖视图。

3.φ100圆柱面有_____个柱形沉孔，其沉孔直径是_____，深度是_____，通孔直径是_____，定位尺寸是_____。

4.该零件内部有一个梯形槽，其定形尺寸有_____、_____、_____。

5.几何公差 ⊥ 0.05 A 的含义：_____对_____的_____公差是_____。

6.表面结构要求最高的表面是_____、_____、_____，其 Ra 值是_____ μm。

7.图中 $\sqrt{Ra\,6.3}$ （√）标注所表示的含义：_____的_____代号是 $\sqrt{Ra\,6.3}$ 。

练习4-3-4 识读支架零件图（1）

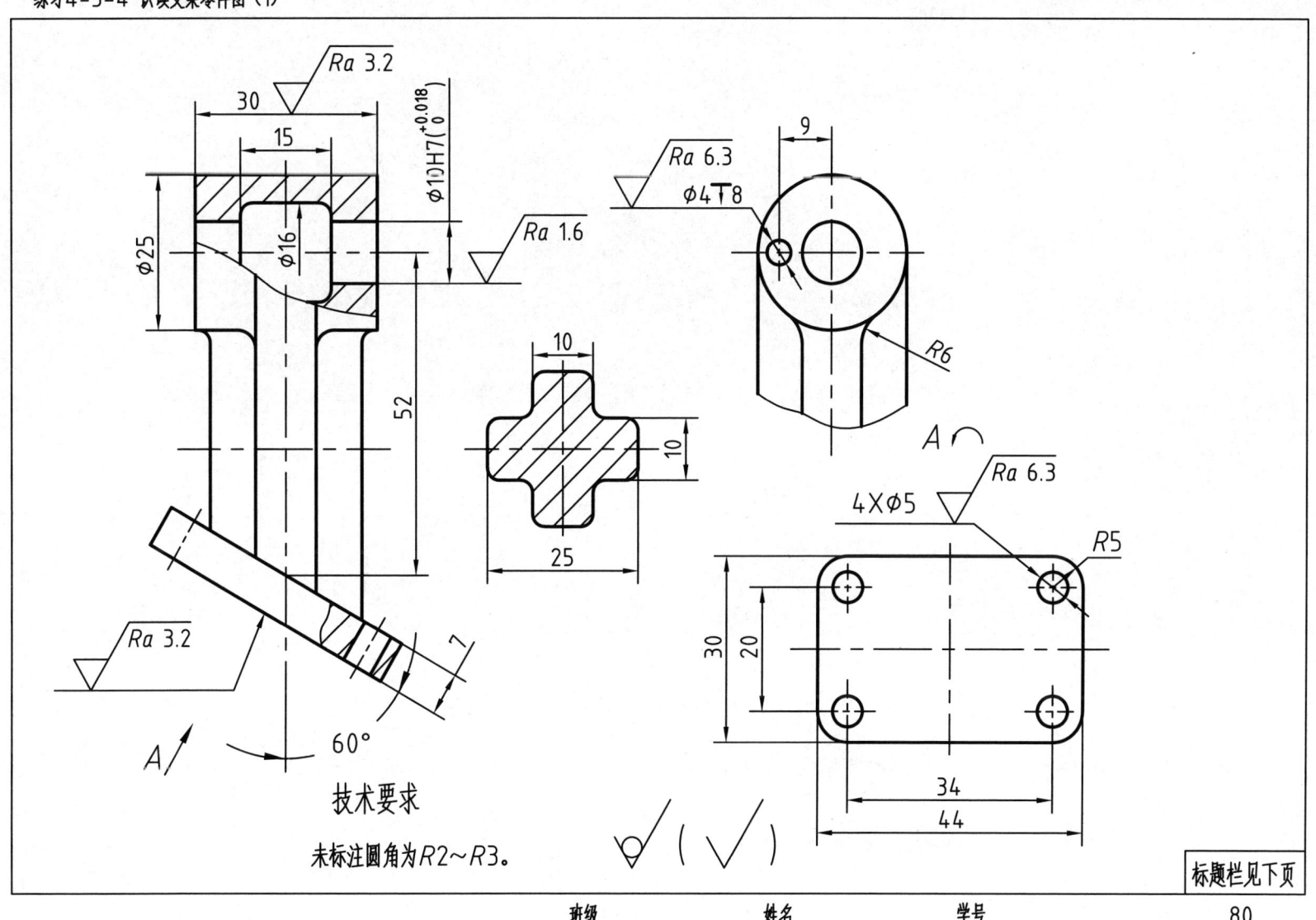

技术要求

未标注圆角为R2~R3。

标题栏见下页

练习4-3-4 识读支架零件图（2）

	支架		比例	数量	材料	
			1:1	1	HT150	
制图						
审核						

读上页零件图并回答问题。

1. 零件名称为_____，材料为_____，比例为_____，采用_____个视图表达，其表达方法分别为：主视图为_____图，左视图为_____图，A图为_____图，还有1个_____图。

2. φ4T8圆孔的定位尺寸是_____，T表示_____为8，孔的方位是_____（选择填空"前左""前右""后左""后右"）；该孔的表面粗糙度代号要求为_____。

3. 尺寸孔φ10H7中，φ10表示孔直径的_____，H7表示_____，H是_____，7是_____，上极限偏差是_____，下极限偏差是_____，公差为_____，孔表面粗糙度代号要求为_____；中间φ16孔的作用是_____，其表面粗糙度代号要求为_____。

4. 未标注圆角为R2~R3表示的工艺结构称为_____，其作用是防止砂型在尖角处_____和避免铸件冷却_____时尖角处产生_____。

练习4-3-5 识读拨叉零件图（1）

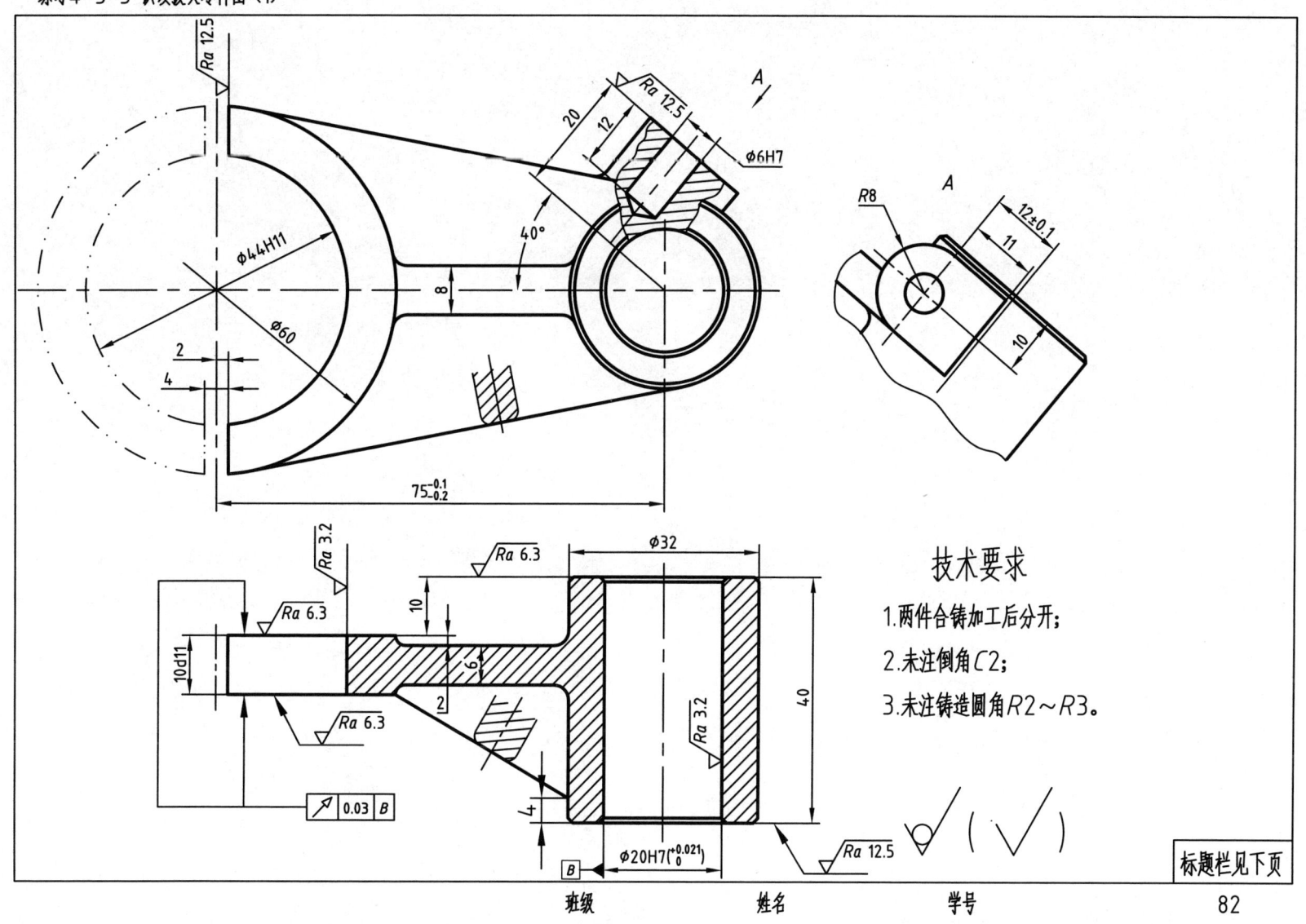

技术要求

1. 两件合铸加工后分开；
2. 未注倒角C2；
3. 未注铸造圆角R2～R3。

练习4-3-5 识读拨叉零件图（2）

	拨叉		比例	数量	材料	
			1:1	1	HT200	
制图						
审核						

读上页零件图并回答问题。

1. 该零件名称是_____，材料是_____，比例是_____。

2. 主视图的表达方法有_____、_____，双点画线是_____画法；俯视图是_____图，还有_____画法；A图是_____。

3. 在 ⌐⌐0.03 B⌐ 几何公差代号中，被测要素是_____，基准要素是_____，公差项目是_____，公差值是_____。

4. 尺寸φ20H7的含义：φ20为_____，H7为_____，H为_____代号，7为_____，上极限偏差为_____，下极限偏差为_____，公差为_____。

5. 倒角C2的作用是_____和_____，其中C表示_____，2表示_____。

6. 铸造圆角的作用是防止尖角_____和避免冷却收缩时尖角处产生_____。

练习4-3-6 识读拨叉零件图（1）

读下面零件图并回答问题。

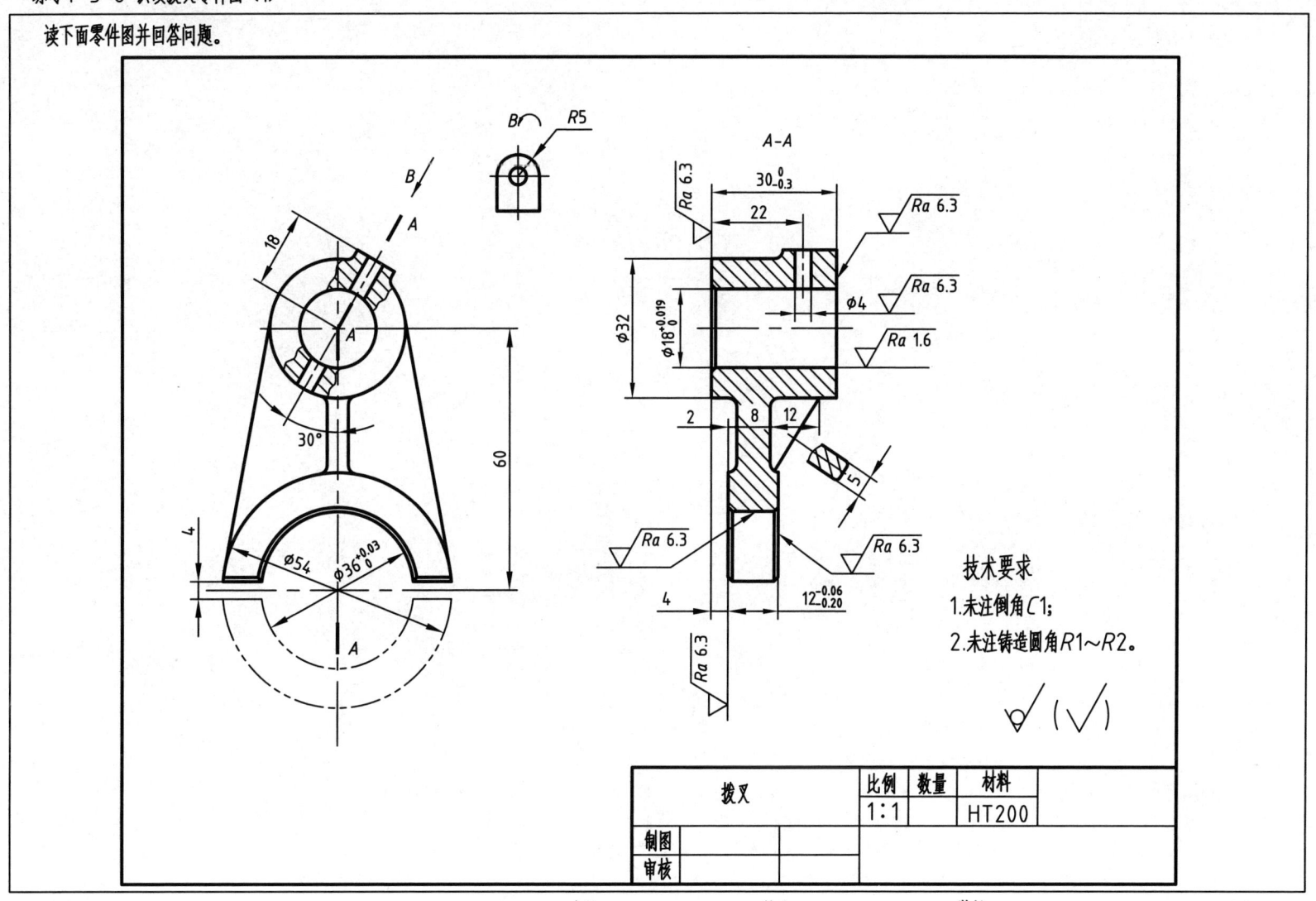

练习4-3-6 识读拨叉零件图（2）

读上页零件图并回答问题。

1. 零件名称为_____，材料为_____，比例为_____，主视图表达方法有_____和_____；A-A为_____剖切面剖切所得_____图，B为_____图。

2. φ4圆孔的定位尺寸是_____、_____，该孔的表面粗糙度代号要求为_____。

3. 图中采用了_____画法表达肋板的厚度为_____，其表面粗糙度代号为_____。

4. 尺寸$\phi 18^{+0.019}_{0}$中，φ18表示_____，+0.019是_____，0是_____，上极限尺寸为_____，下极限尺寸为_____，公差为_____。

5. 图中倒角C1称为_____结构，C表示_____，1表示轴向尺寸，倒角的作用为_____和_____。

6. 零件表面粗糙度要求最高的表面是_____，其Ra值为_____μm。

班级　　　　姓名　　　　学号　　　　85

练习 4-3-7 识读支架零件图（1）

读下面零件图并回答问题。

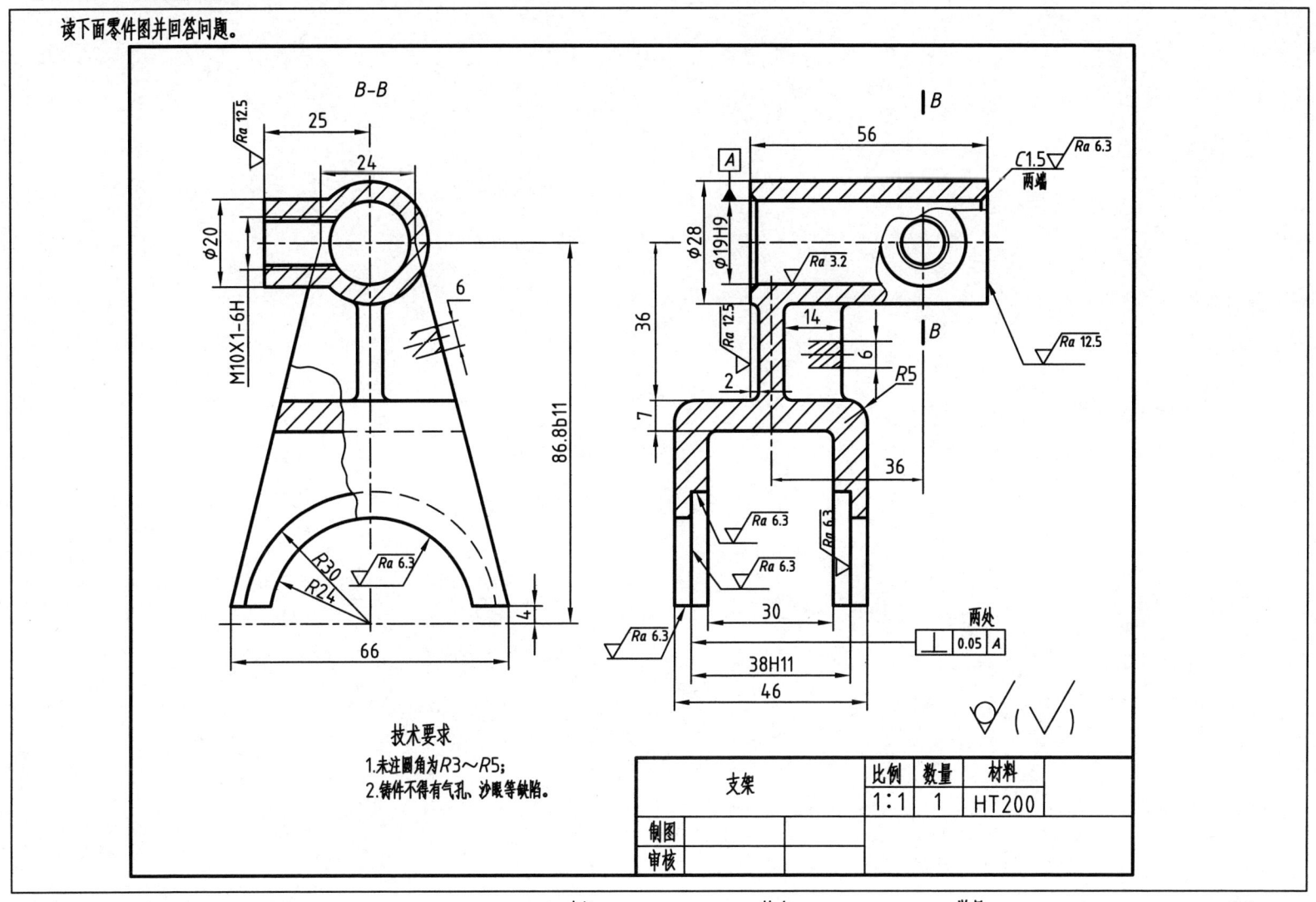

练习4-3-7 识读支架零件图（2）

读上页零件图并回答问题。

1. 零件名称为_____，材料为_____，比例为_____，主视图表达方法有_____、_____和_____图，左视图表达方法有_____和_____图。

2. M10×1-6H中，M表示_____螺纹，1表示_____，其为____牙（选填"粗"或"细"）。

3. 方向公差 ⊥ 0.05 A 中，⊥ 表示_____，公差值是_____，基准A是_____。

4. 尺寸φ19H9中，φ19表示孔的_____，H9表示_____，H是_____，其配合制为_____制，即_____为0，9表示_____。

5. 图中倒角C1.5称为_____结构，C表示_____，1.5表示轴向尺寸，倒角的作用为_____和_____。

6. 零件表面粗糙度要求最高的表面是_____，其Ra值为_____μm。

班级　　姓名　　学号　　87

任务4-4 识读底座零件图

如下图所示，读懂底座零件图，补画其左视图的外形图。

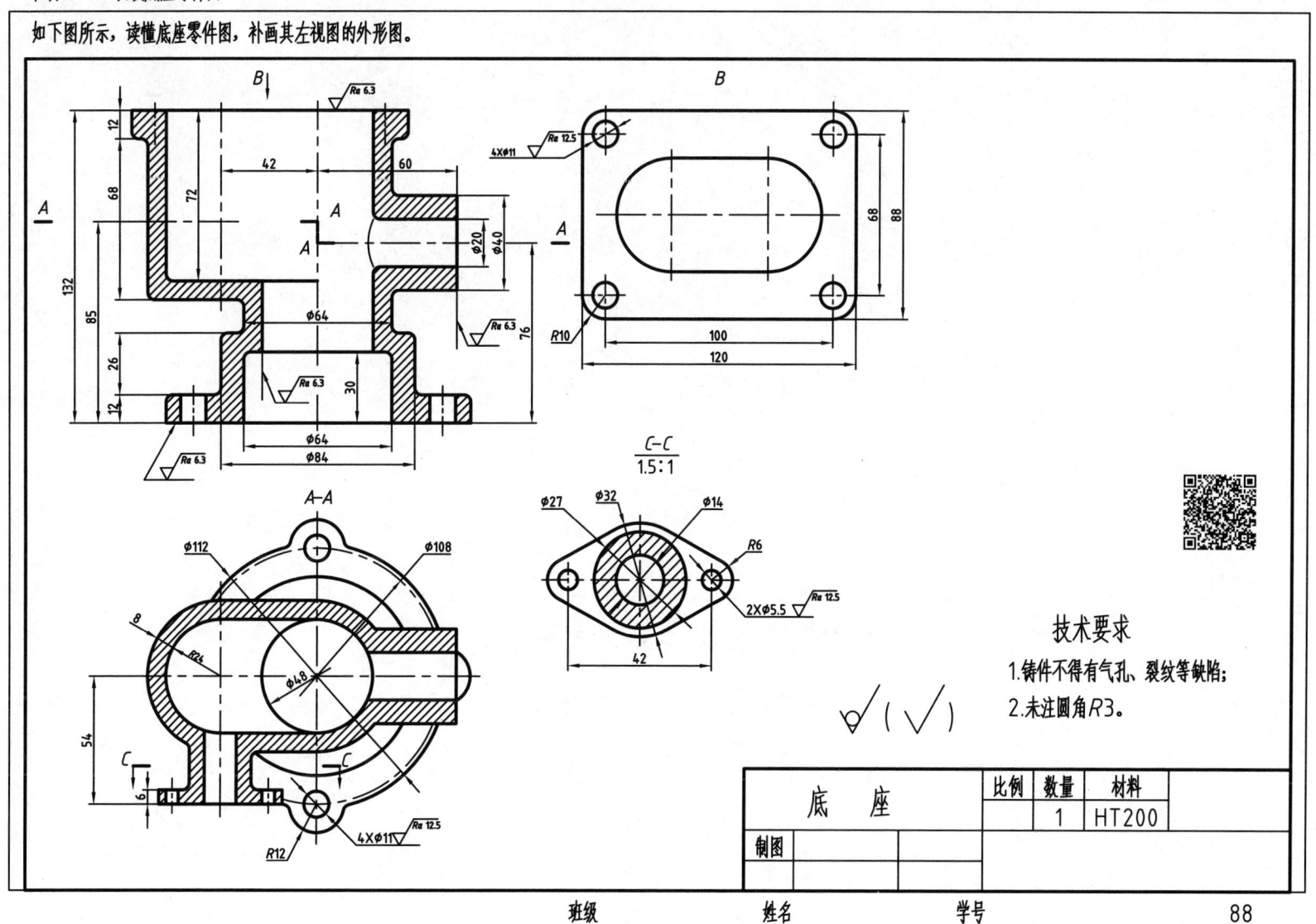

练习4-4-1 尺寸及技术要求标注

根据下列要求在零件图上标注尺寸（直接在图上量取并取整）及技术要求。

1. 在φ36后面正确注写：上极限偏差0，下极限偏差-0.025。
2. 标注下列表面结构：φ36圆柱表面为Ra0.8，φ36圆柱右端面为Ra3.2，φ16孔表面为Ra6.3，其余面简化标注为Ra12.5。
3. φ24圆柱面的圆度公差为0.05。
4. 正确标注零件左端的45°倒角。
5. 标注φ36和φ24两圆柱之间退刀槽的尺寸。

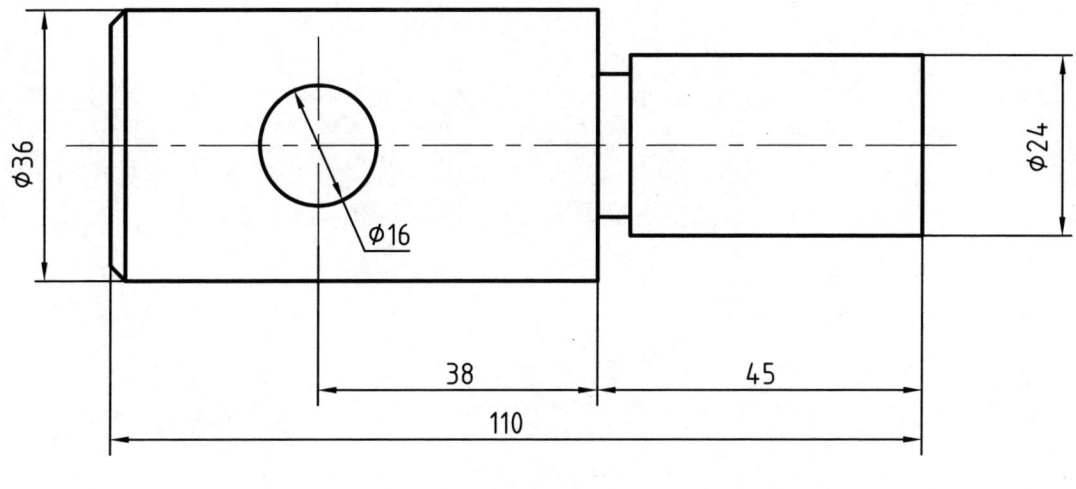

练习4-4-2 尺寸及技术要求标注

根据下列要求在零件图上标注尺寸（直接在图上量取并取整）及技术要求。

1. 在 $\phi 28$ 后面正确注写：上极限偏差0，下极限偏差-0.021。
2. 标注下列表面结构：$\phi 28$ 圆柱表面为 $Ra1.6$，$\phi 28$ 圆柱右端面为 $Ra3.2$，$\phi 42$ 圆柱左端面为 $Ra6.3$，$\phi 32$ 孔表面为 $Ra3.2$。
3. $\phi 42$ 圆柱面的圆柱度公差为0.02。
4. 正确标注零件左、右两端的45°倒角。

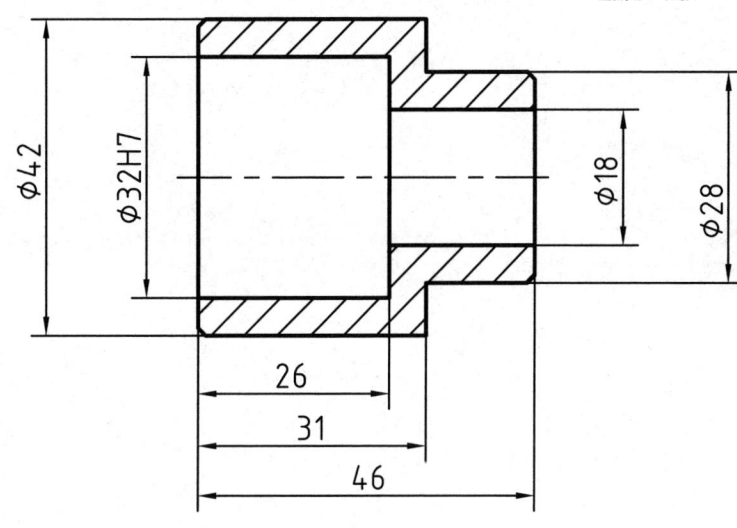

班级　　　姓名　　　学号

练习4-4-3 尺寸及技术要求标注

根据下列要求在零件图上标注尺寸（直接在图上量取并取整）及技术要求。

1. 标注下列表面结构：键槽8P9两工作面为$Ra3.2$，$\phi 16$圆柱表面为$Ra0.8$。
2. 正确标注零件左端的45°倒角。
3. 标注$\phi 24$和$\phi 16$圆柱之间退刀槽的尺寸。
4. $\phi 18$圆柱面任一素线的直线度公差值为0.01mm。
5. 补全键槽8P9的定形和定位尺寸。

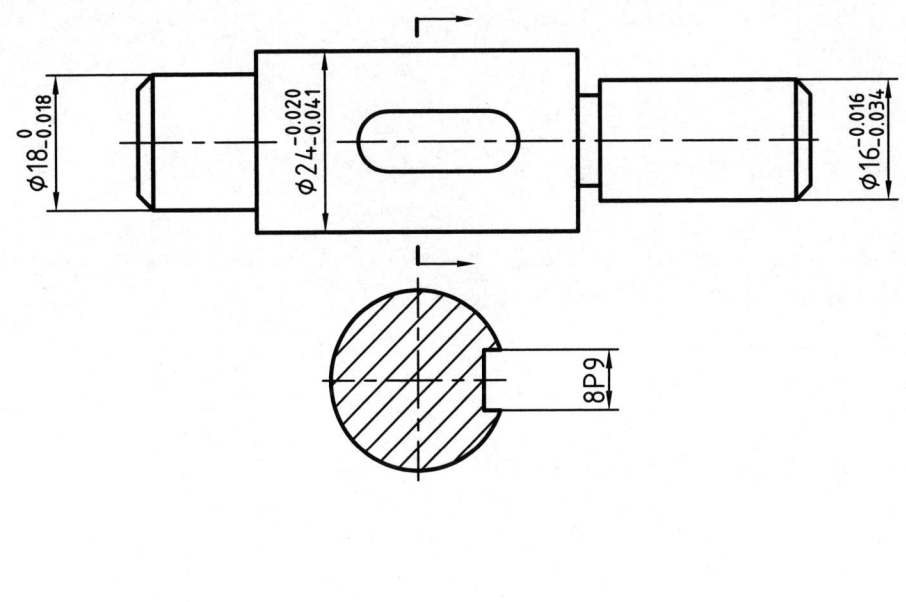

练习4-4-4 尺寸及技术要求标注

根据下列要求在零件图上标注尺寸（直接在图上量取并取整）及技术要求。

1. 标注下列表面结构：φ36圆柱表面为 $Ra0.8$，φ36圆柱右端面为 $Ra3.2$，φ9孔表面为 $Ra6.3$，其余面简化标注为 $Ra12.5$。
2. 正确标注零件右端的45°倒角；标注φ36和φ24两圆柱之间退刀槽的尺寸。
3. φ36圆柱面的圆度公差为0.01。
4. 在φ24后面正确注写：上极限偏差0，下极限偏差-0.021。

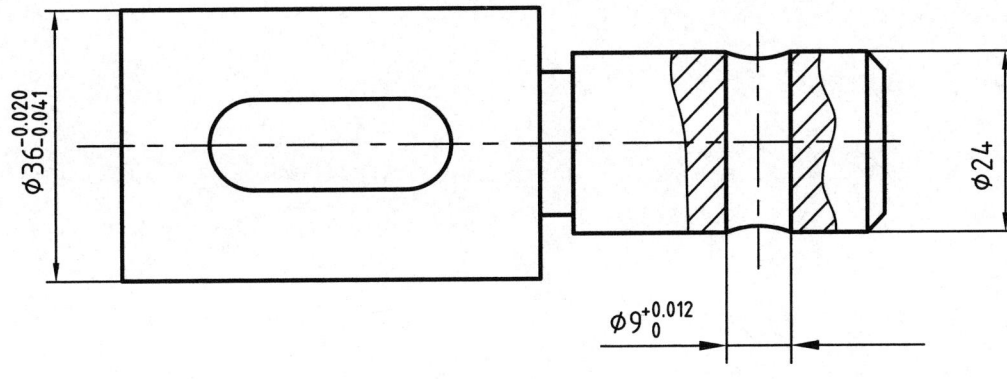

练习4-4-5 尺寸及技术要求标注

根据下列要求在零件图上标注尺寸（直接在图上量取并取整）及技术要求。

1. 标注下列表面结构：键槽8P9两工作面为 $Ra3.2$，$\phi26h6$圆柱右端面为 $Ra3.2$。
2. 正确标注零件右端的45°倒角；标注M16和$\phi26h6$圆柱之间退刀槽的尺寸。
3. 在$\phi26h6$后面正确注写：上极限偏差0，下极限偏差-0.013。
4. 补全键槽8P9的定形和定位尺寸。

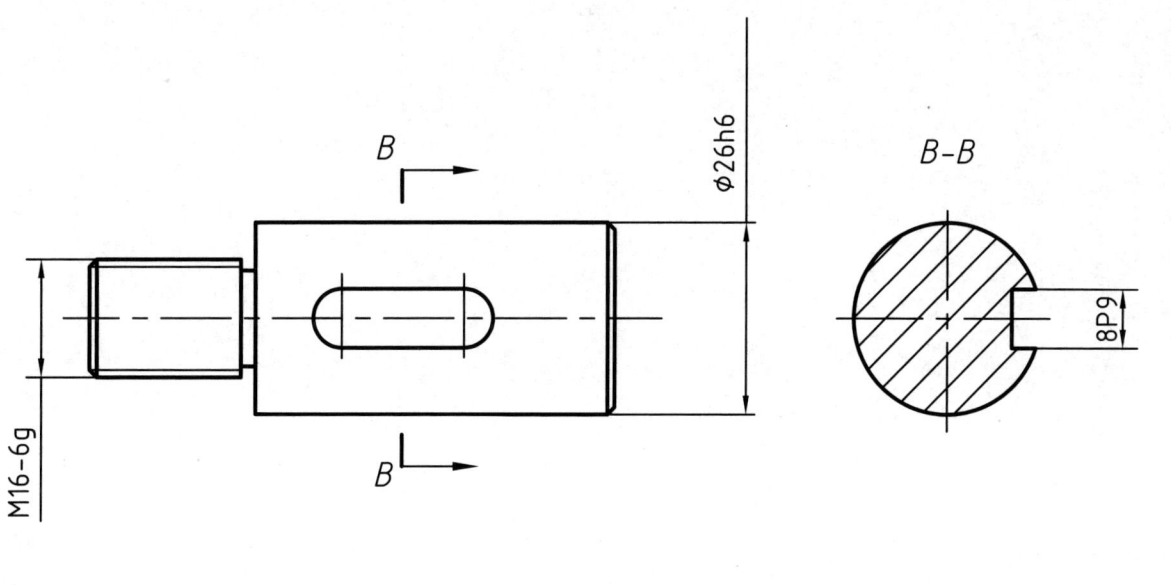

练习4-4-6 识读阀体零件图（1）

读下面零件图并回答问题。

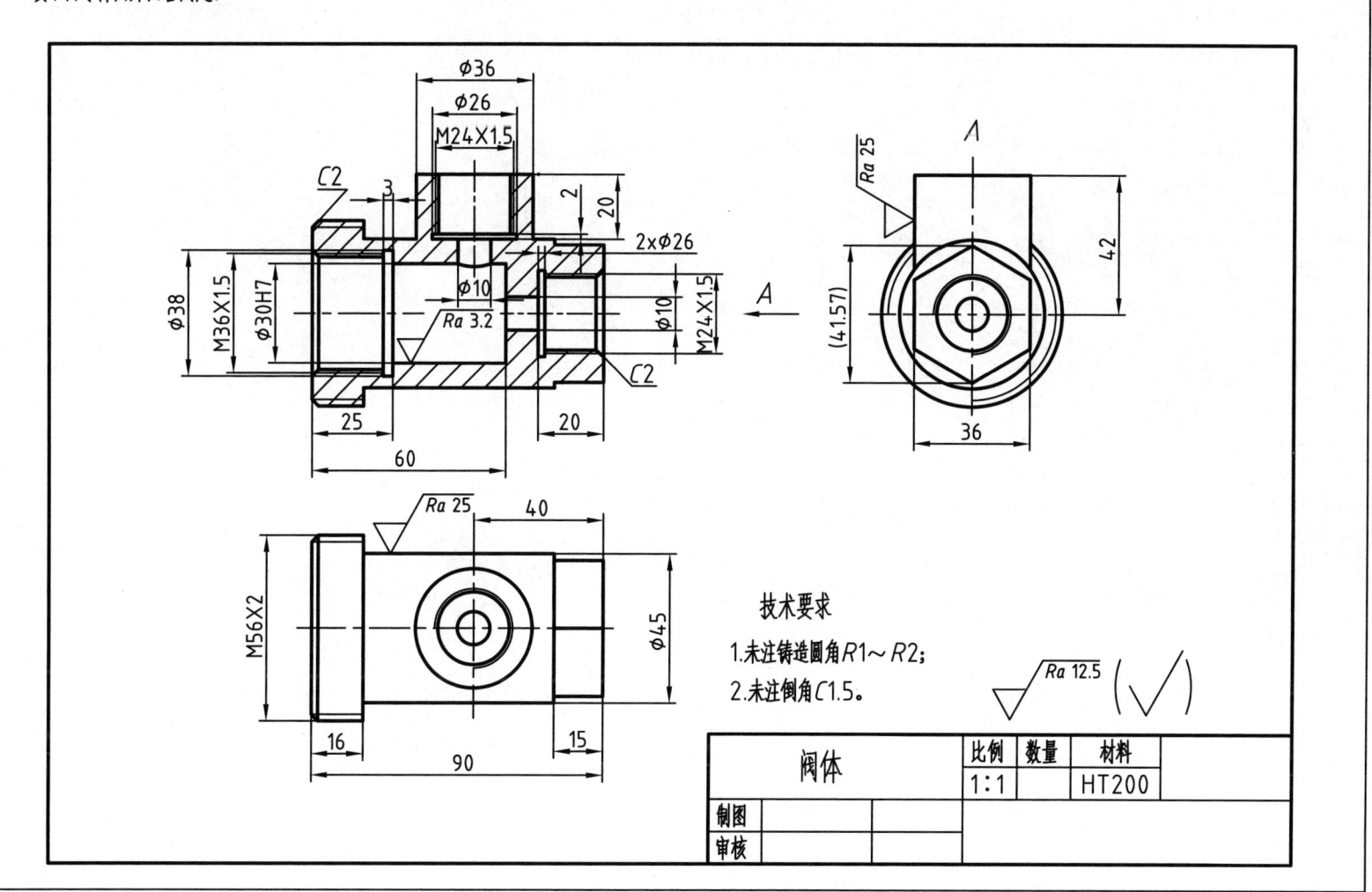

练习4-4-6 识读阀体零件图（2）

读上页零件图并回答问题。

1.该零件的名称是_____，材料是_____，绘图比例是_____，属于_____比例。
2.该零件共用了_____个视图表达，其中主视图是作了_____剖切得到的____剖视图；俯视图是_____图；A图是_____图。
3.零件长度、宽度及高度方向的主要尺寸基准分别是零件的右端面、_____、_____。
4.该零件上有____处螺纹，其尺寸分别是_____、_____、_____、_____。
5.表面结构要求最高的表面是_____，其Ra值是_____μm。
6.零件上有_____处退刀槽，其直径尺寸分别是_____、_____、_____；长度尺寸分别是_____、_____、_____。
7.ϕ36圆柱顶面的表面结构代号为_____。

项目5 绘制标准件与常用件　任务5-1 绘制螺栓连接视图

如下图所示，已知螺栓GB/T 5782 M16×L，螺母GB/T 41 M16，垫圈GB/T 97.1 16，被连接件厚度 $\delta_1=\delta_2=16$，螺栓长度L计算后取标准值，用比例画法按1:1画出螺栓连接三视图（主视图全剖）。

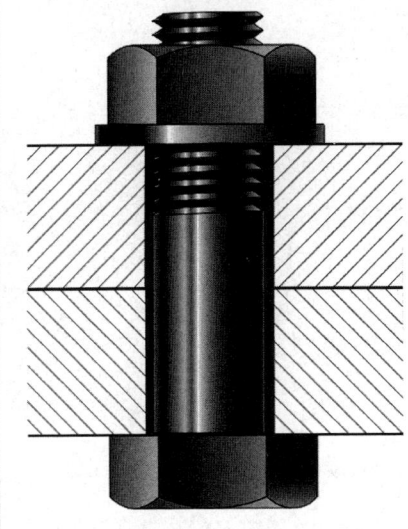

练习5-1-1 螺纹画法

1.改正下面外螺纹画法的错误（正确的画在下方空白处）。

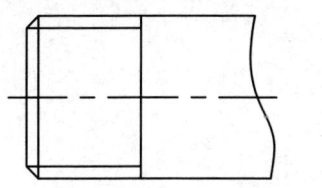 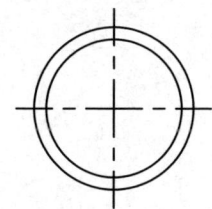

2.改正下面内螺纹画法的错误（正确的画在下方图中）。

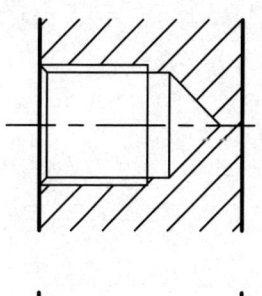 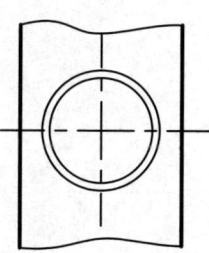

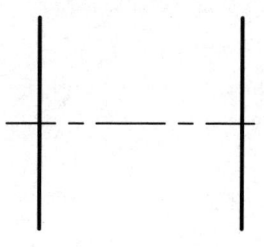 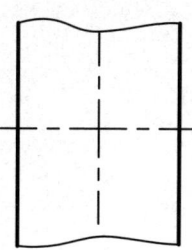

3.根据下列要求，在指定位置按照规定画法，按1：1绘制外螺纹轴的两个视图（轴向和径向）。

(1)轴直径φ20mm，长度50mm，左端倒角C1.5。

(2)左端螺纹M20，长度35mm。

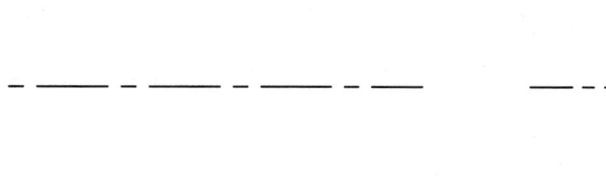

练习5-1-2 螺纹画法及其标记

1.改正下面螺纹连接画法的错误（正确的画在下方图中）。

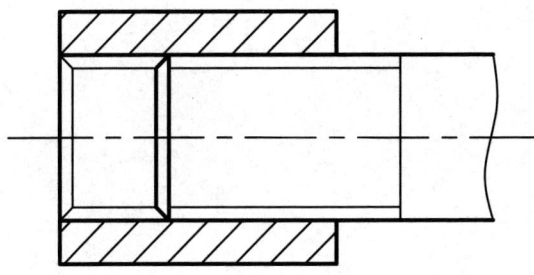

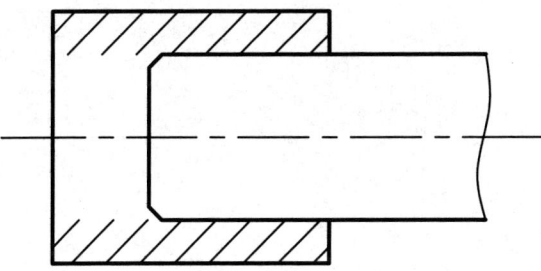

2.解释下面螺纹标记的含义。

(1) M8x1LH-5g6g-L

(2) Tr40x14(P7)-7e

(3) G¾A

任务5-2 绘制圆柱齿轮零件图

已知直齿圆柱齿轮 $m=3$mm，$z=30$，计算齿轮主要尺寸，按1:1画全两视图，并标注尺寸(齿形外其他尺寸在图上量取)。

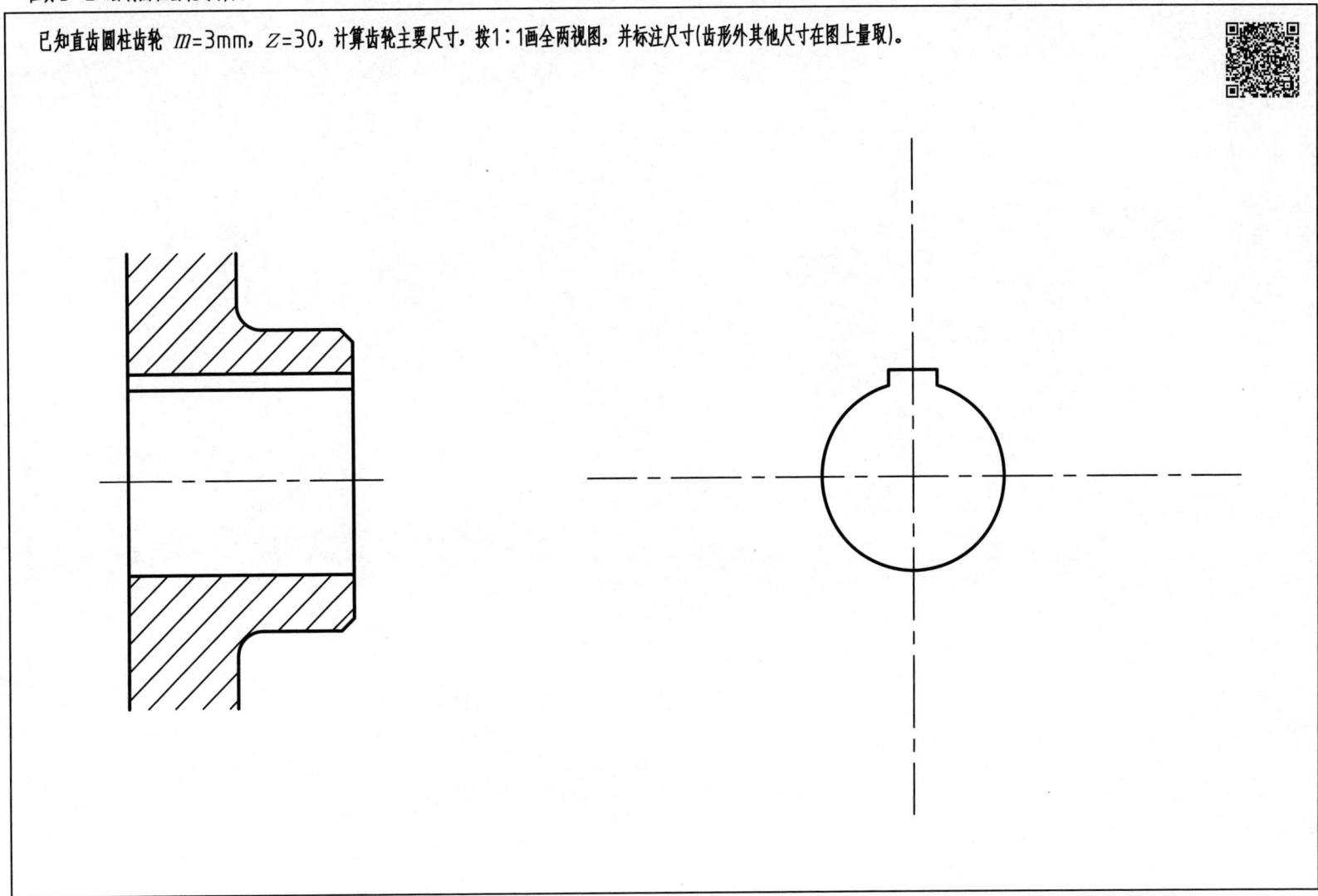

班级　　姓名　　学号

参考左图所示的铣刀头轴测图，绘制右图所示的铣刀头左侧局部装配图。

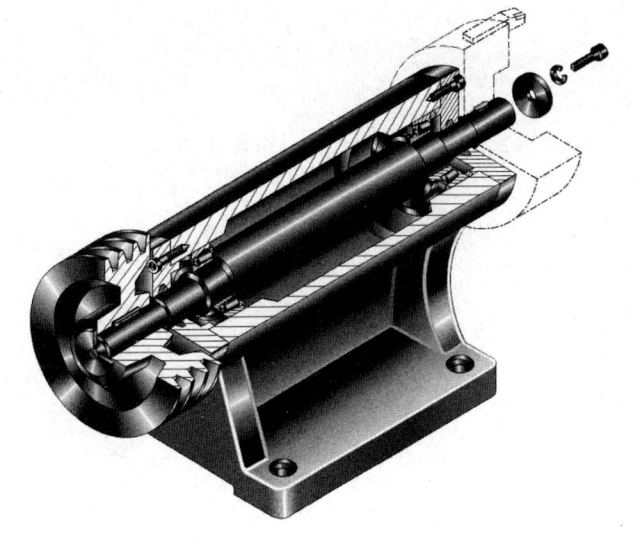

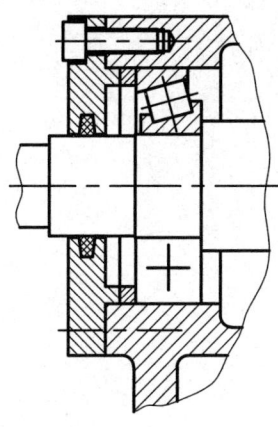